上海大学出版社

2005年上海大学博士学位论文 22

城市高架路－匝道－地面交通的交互作用及交通流特性研究

- 作者：雷　丽
- 专业：流体力学
- 导师：戴世强

城市高架路—匝道—地面交通的交互作用及交通流特性研究

作 者：雷 丽

专 业：流体力学

导 师：戴世强

上海大学出版社

·上海·

Shanghai University Doctoral Dissertation (2005)

Investigation on Interaction and Characteristics of Traffic Flows in Urban Elevated Road-Ramp-Ground Road System

Candidate: Lei Li

Major: Fluid Mechanics

Supervisor: Prof. Dai Shiqiang

Shanghai University Press

• **Shanghai** •

上 海 大 学

　　本论文经答辩委员会全体委员审查,确认符合上海大学博士学位论文质量要求.

答辩委员会名单:

主任: 顾国庆　研究员, 华东师范大学计算机系　　200062

委员: 刘允才　教授, 上海交大智能交通中心　　200030

　　　陈建阳　教授, 同济大学交通工程系　　200092

　　　鲁传敬　教授, 上海交大工程力学系　　200030

　　　杜广生　教授, 山东大学能动学院　　250061

　　　王道增　教授, 上海大学力学所　　200072

　　　刘宇陆　教授, 上海大学力学所　　200072

导师: 戴世强　教授, 上海大学　　200072

评阅人名单：

　　顾国庆　研究员，华东师范大学计算机系　　　　　200062

　　缪国平　教授，上海交通大学船舶海洋学院　　　　200030

　　陈建阳　教授，同济大学交通工程系　　　　　　　200092

评议人名单：

　　吴清松　教授，中国科学技术大学 13 系　　　　　230026

　　刘慕仁　教授，广西师范大学校长办公室　　　　　541004

　　周连第　研究员，702 所上海分部　　　　　　　　200011

　　陶明德　教授，复旦大学力学系　　　　　　　　　200433

　　薛　郁　教授，广西大学物理系　　　　　　　　　530004

　　夏　南　教授，上海大学力学所　　　　　　　　　200072

答辩委员会对论文的评语

    雷丽同学的博士学位论文从交通实际观测入手,选取合适的交通流理论模型,对高架路—匝道—地面交通三者间相互作用的各种不同情况进行模拟,揭示了它们的交通动态演化特性和拥堵形成机制,得到了一系列有实际意义的结果.该选题有前沿性和科学性,有重要的学术意义和应用前景.论文作者对交通流研究进行了广泛的文献查阅,对国内外动态有清晰的认识.

    该论文的创新性工作主要表现在:

    (1) 通过对上海市高架路典型路段的实测分析,掌握了高架道路交通流的主要特征,得到适用于不同交通流的两种速度—密度关系式;

    (2) 采用改进的一维管流模型,对地面相交主干道右转车辆造成的"挤压"效应进行了数值模拟,指出"挤压"效应是导致某些下匝道直行交通出流不畅的重要原因,对高架路匝道的正确设置有指导作用;

    (3) 从各向异性的流体动力学模型出发,增加了匝道交通的影响项,通过数值模拟,论证了上匝道处采用信号定时调节措施的可行性,并给出了合理的信号配时优选方案;

    (4) 采用 FI 元胞自动机模型,首次对上匝道与主干线合流处建立了交替通行的交通流模型,考察了各种典型交通流情况下交替通行规则对高架道路交通的改善效果,为交通规则的优化提供了科学依据;

（5）采用 NaSch 元胞自动机模型，对单车道高架路主线的交织区路段进行了数学建模和模拟分析，研究了车流交织行为对高架系统交通状况的影响，并对交织区长度的设计提出了独到见解.

答辩中，雷丽同学能够正确回答所提出的问题. 答辩委员会认为，该论文选题合理，逻辑严密，行文流畅，理论正确，数据可靠，是一篇优秀的博士学位论文. 该论文充分表明作者掌握了坚实宽广的基础理论和系统深入的专业知识，具有独立从事科研工作的能力.

答辩委员会表决结果

经无记名投票表决，答辩委员会全票(7 票)通过雷丽同学的博士学位论文答辩，并建议授予工学博士学位.

答辩委员会主席：顾国庆
2004 年 12 月 30 日

摘　　要

　　汽车工业的迅速发展与道路建设的相对落后,已经成为非常突出的世界性矛盾.为了解决"交通难"问题,国内外许多大中城市兴建了快速通行的高架道路.但高架道路往往在建成之后不久便出现频繁的交通阻塞,究其原因,除了交通需求猛增因素之外,规划设计的缺陷以及建成后的交通管理与控制不当这两个因素也不可忽视.高架路、匝道与地面道路组成了城市的立体交通网络,三者之间息息相关、密不可分.基于实际的交通观测,本文利用交通流理论中的宏观和微观方法(即流体力学模型和元胞自动机模型)对高架路、匝道和地面道路之间的交互作用开展研究,对匝道附近的高架路段和地面交叉口进行了数学建模以及数值模拟,分析了交通流的复杂动力学行为,并且定性地为交通规划设计及交通管理控制提出了一些建议.论文的主要工作如下:

　　(1)选取上海市高架道路系统的局部路段,采用人工测量和摄像技术相结合的手段进行了大量的交通观测,掌握了高架道路交通流的主要特征.对实测获取的大量数据进行处理和分析,得出了分别适用于稀疏交通流和拥挤交通流的两种速度—密度关系式,并据此给出了畅行速度与阻塞密度这两个重要参量的数值.由实测数据得到的基本图揭示了高架路上实际存在的几种不同的交通相.

　　(2)以上海市内环线高架的武宁路匝道作为典型案例,实际观测并细致分析了下匝道附近交叉口的交通流,直观地确认了地面相交主干道的右转车辆对下匝道直行交通的"挤压"效应.基于一维管道流模型,在连续性方程中引入源项,运动方程中引入弛豫项,对右转车辆干扰效应进行了数值模拟,结果与实测数据基本吻合.从模拟结果来看,"挤压"效应随着右转车辆的数目增多而加剧,是导致某些交叉口出流不畅的重要原因,而设置在繁华路口的高架路下匝道加剧了这种拥塞状况.因此建议在高架路的设计阶段应正确地选择匝道位置,而在制定此类交叉口的交通管理措施时,设置右转方向的专用交通灯是一种较好的解决方案.

(3) 针对上海市高架道路系统存在的交通拥堵问题,论证了在上匝道处采用信号定时调节措施的可行性,并确定了合理的信号配时方案.从本课题组发展的各向异性的流体动力学模型出发,在运动方程中计及匝道交通影响项,对上匝道附近的高架路段进行了数值模拟.模拟结果表明,与无任何控制措施时相比,对上匝道实行定时调节,可以优化高架道路上的交通流参数,改善高架道路的交通状况.对设计的六种信号配时方案进行对比分析,找出了最合理的优选方案.

(4) 论证了上海市交通管理部门在高架路上匝道的合流处所实施的交替通行规则的合理性和可行性.以 FI 元胞自动机交通流模型为基础,对实施交替通行规则前后的上匝道合流处分别建立合理的交通流模型,并对其交通流状况进行了数值模拟和分析,结果表明:当高架路主线和上匝道的来流车辆较多时,实施交替通行规则可以大大改善高架道路交通;当交通流比较稀疏时,实施该规则前后交通流状况基本不发生变化.当车流较为畅通或比较拥堵的状态下,主干线和上匝道两股车流容易实现1:1的交替通行;而当车辆中速行驶时,更容易实现两股车流2:1交替行驶的局面.

(5)高架道路上的交织区经常成为交通瓶颈.论文以 NS 元胞自动机交通流模型为基础,考虑到换道因素,对高架路主线为单车道时的交织区路段进行了数值模拟和分析.结果表明:当交通流稀疏时,车流的交织行为对系统影响不大,即使加大交织区长度,整个系统的交通流参数也变化不大;当交通流拥挤时,交织行为会对系统产生不良影响,此时加大交织区长度,可以改善整个系统的交通流状况.模拟结果显示,交织区长度并非越大越好,工程设计中应该选取一个适宜的中间值,整个系统就可以获得很好的运行效果.

最后,对我国未来的交通流研究进行了展望,并提出了一些建议.

关键词 高架道路,匝道,地面道路,速度—密度关系式,"挤压"效应,定时调节,交替通行规则,交织区

Abstract

   The rapid development of the automobile industry and the relative lag of the road construction have constituted a prominent contradiction all over the world, particularly, in most of large cities. To cope with it, elevated roads have been built in many cities both at home and abroad. However, traffic jams frequently appear on elevated roads immediately after the completion of their construction. The awkward situation mainly results from the planning bug or the unsuitable control, apart from drastic increase in transportation demand. Elevated roads, ramps and ground roads are closely interconnected in three-dimensional urban traffic networks. Based on the field measurements, in this dissertation, by using the macroscopic and microscopic methods, i. e., the hydrodynamic models and cellular automaton models for traffic flows, the relations among the three interacting parts were investigated. The mathematical modeling and numerical simulation were conducted for the sections of elevated roads and for the interaction of elevated roads and intersections on the ground. After having analyzed the complicated dynamic behavior on the elevated roads, some suggestions were put forward for the transportation planning and management. The contents of the dissertation are as follows:

（1） By combining manpower survey with the video recording, a series of field measurements were conducted on several sections of the elevated road system in Shanghai and then the main characteristics of the elevated road traffic flow were captured. By means of data processing and analysis, two speed-density relations were established, which are suitable for the free flow and the congested flow respectively. And thus two important parameters, namely, the free flow speed and the jamming density, were determined. The fundamental diagram obtained from the measured data reveals three distinct traffic phases.

（2） With the Wuning Off-Ramp of the Inner Ring Elevated road in Shanghai as a representative case, meticulous observations were carried out on traffic flow at the intersection near the off-ramp. And it was found that the "squeezing" effect of right-turning vehicles from the intersecting main road on the straight motion of vehicles from the off-ramp is the main reason of the existing traffic jam. A modified 1-D pipe-flow model was established by introducing a source term into the continuity equation and a relaxation term into the motion equation in Wu Zheng's model. With the modified model, numerical simulation was performed with special attention to the disturbing effect of right-turning vehicles. The results agree quite well with the observed data. The analysis shows that the "squeezing" effect, which exacerbates with the increasing number of right-turning vehicles, is the principal cause of congested traffic at certain intersections. The inappropriate design and construction of ramps in front of busy crossings enhances the congestion. Thus, installing the right-turning traffic lights may be a promising way of solving the problem.

(3) There exist severe problems in the transportation on elevated road system in Shanghai, such as frequent congestions or jams on the elevated roads and their ramps. For this reason, measures of controlling the on-ramp traffic with timing signals were suggested in this dissertation. The reasonable timing scheme was recommended for signal controlling. On the basis of an anisotropic hydrodynamic traffic model developed by our research group, a ramp-effect term was introduced in the motion equation and traffic flows on the elevated road sections near the on-ramp were numerically simulated. The results show that signaling control of on-ramp is helpful for the improvement of traffic on the elevated roads. We also found the best timing scheme after comparison among six choices of signaling period.

(4) The gear-alternating regulation was first actualized at the interfluent location of on-ramps in Shanghai elevated

roads, which was theoretically studied in this dissertation. Different traffic flow models were established for the cases with and without the alternate running rule based on the FI cellular automaton traffic model. With the models, the traffic behavior at the interfluent location of on-ramp was investigated and some results were concluded. When there are many inflowing vehicles on the elevated road and ramp, the traffic situation on the elevated road with the alternating regulation is much better than that without the regulation; when there are less inflowing vehicles, the elevated road situation keeps unvaried on the whole in the two cases. The vehicles on the elevated road and the on-ramp are easily to move forward with 1 : 1 proportion in congestion or free flow states and often with 2 : 1 proportion in the medium-speed flow.

(5) The weaving areas often turned into the bottleneck on the elevated roads. On the basis of the NS cellular automaton traffic model, the weaving section with one-lane main road was simulated and analyzed. For the free traffic flow, weaving operations almost has no influence on the system, even with the weaving length being increased. On the other hand, when the traffic flow is in congested state, weaving conflicts have negative effects on the system. The traffic situation will be improved with the increase of weaving length. Our simulation results suggest that the length of

weaving sections need not to be inappropriately increased, and a proper medium value can be chosen to get an optimal traffic situation.

Finally, the prospect was briefly reviewed for the future advances in the research of urban traffic flows in China.

Key words elevated road, ramp, ground road, speed-density relation, " squeezing " effect, timing signal controlling, gear-alternating regulation, weaving area weaving sections need not to be inappropriately increased, and a proper location villa can be chosen to get a good without traffic small...

Finally, the prospect was briefly reviewed for the future advance in the research of urban traffic flow in China.

Key words: elevated road, auxiliary ground road, speed, relative velocity, magnetic ... vehicle, ... flow, signal controlling, space interruptions, collision, weaving area.

目　录

第一章 绪 论

由于汽车工业的蓬勃发展与道路建设的相对落后,交通问题已经成为世界性矛盾,许多大中城市的交通状况不容乐观. 在美国的一些大城市,居民终日饱受严重的交通阻塞之苦;在欧洲,驾车者每年被困在交通阻塞"长蛇阵"里的总时间长达数天之久,假日里的车辆排队绵延百余公里[1]. 在我国,首都北京正在逐渐成为人们眼中的"堵城";2001年12月,一场普通的降雪致使全市交通瘫痪几个小时,肇事车辆激增;2002年9月,由于部分路段施工发生大塞车,引发北三环、北二环严重拥堵,持续七八个小时才逐渐缓解;2003年10月,因一场秋雨,北京全市主要街道发生大堵车,由城内开往顺义、通州等地需要4小时以上[2]. 最近的一项调查显示,在上海市中心城区,白天车速最快仅达到23.3 km/h,而在浦西中心区部分路段,更以9 km/h的平均时速创下新低[3].

另一方面,由于交通堵塞所造成的经济损失和环境污染问题也不容忽视. 在德国,每年因交通堵塞而造成的经济损失数以千亿美元计[1];在我国,据经济学家测算,每个北京人每天因交通问题损失1.1元,每年损失约400元,北京市由于交通拥塞造成的损失每年可达60亿元[2]. 2003年我国的统计资料表明,交通拥堵导致的直接或间接经济损失达2 000亿元. 由于交通拥堵,车辆在怠速状态所释放的废气是行车时的10倍以上,因此交通阻塞又加剧了城市环境污染. 在欧洲,机动车排放的SO_2、NO_x、CO、CO_2、粉尘颗粒、烟雾以及车辆噪音,已经达到甚至超过了工业生产和日常生活的总排放水平[1]. 北京市机动车排出NO_x和CO的排放分担率分别高达46%和63%;上海市机动车排出CO的排放分担率也由1990年的33%猛增到1996年的61%[4].

为了解决"交通难"问题,国内外许多大中城市投入了大量人力和物力,大搞市政建设,地面道路长度和面积逐年大幅度增加,但仍无法从根本上缓解机动车飞速增长造成的地面交通拥挤. 据报道,上海市2003 年道路长度增加了 260 公里,面积增加了 7%,但机动车增长的速度更快,仅私家客车和轻便摩托车就分别增长 54.2% 和 36.5%,机动车总数已比 2002 年增加了 33 万多辆[3]. 大城市旧城区道路改建、扩建和交通管理的局限性,以及普遍存在的用地紧张与拆迁困难,使得平面路网加密和道路的拓宽很难实现,这就导致了交通向地上、地下空间发展,形成了高架道路网和轨道交通系统.

美国芝加哥早期就建有高架道路,对缓解城市的交通阻塞起了重要作用,由于它运营尚好,故保留至今[5]. 东南亚部分国家和地区投入大量财力研究并兴建城市高架道路:如著名的日本阪(大阪)神(神户)高速公路,全线均采用高架道路的形式,对日本的交通发展发挥了重要作用. 我国广州市于 1987 年 9 月建成的高架路,全长约 5.24公里,投入使用后社会效益和经济效益显著. 上海市中心城区由内环线高架、南北高架和延安路高架组成了"申"字形高架路网,使城市交通系统功能更趋合理和完善. 整个高架道路系统倾注了二百多亿元的投资,其规模与标准在世界大城市中是空前的. 1998 年 10 月,山东省济南市的顺河高架路建成通车,全长 5.2 公里;2003 年 10 月北延线工程完工,全长 4.1 公里,全线采用高架桥形式,目前已经成为贯穿泉城南北方向的交通大动脉.

高架道路作为城市中的快速干道,与地面路网共同构成城市的立体交通网络. 高架道路系统的全面开发与建设,是实施城市快速道路系统扩容的重要途径,为道路交通的发展开辟了崭新的空间,为原本拥挤的地面道路交通注入了生机和活力. 高架道路系统包括高架道路主线和上下匝道及其两端的衔接点,与相邻的地面路网构成的立体交通网络示意图如图 1.1 所示. 从功能划分来看,高架路的上下匝道承担着重要的输运作用,是高架道路主线与地面路网衔接的"桥梁";综合起来看,高架路、匝道和地面道路这三个交通承载体环环相扣、息息相关. 所以,对三者之间的相互作用进行研究,促使车流快速地集结(或疏散),有效地合流(或分流),从而使整个城市的立体交通网络更加高效有序,这正是本论文的研究目的.

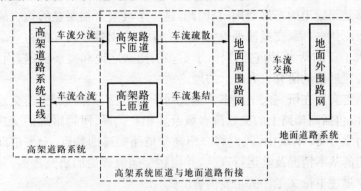

图 1.1 高架道路、匝道与地面道路形成的立体交通网络示意图

上海市高架道路作为大城市立体交通设施的重要形式之一,在一定程度上缓解了交通困难,分担了城市交通总出行量的一半左右. 但是,所有事物都具有正反两面性,由于缺乏先进的交通科学理论的指导,上海市"大动脉畅通,微血管阻塞"的交通现象仍然大量存在,交通"瓶颈"比比皆是,高架路匝道"肠梗阻"的现象时有发生,并出现了整体交通状况有所改善而局部交通状况恶化的问题[6]. 北京市的情况也不尽如人意:花费几年时间修建了两条快速环路和120多座立交桥,交通拥挤问题却没有多大改善,反而被人戏称为"首堵"北京. 为此,众多的科研工作者相继投入到交通问题的研究中来,交通流理论作为一门新兴的交叉性边缘学科,引起了力学、物理、数学、系统工程和交通工程等领域众多专家学者的普遍关注,在交通科学研究的众多分支中异军突起.

交通流理论的研究目标是建立能正确描述实际交通一般特性的数学模型,并经过参数辨识和计算机数值模拟,揭示各种交通现象的特点本质,寻求控制交通流动的基本规律,最后达到对交通系统实行实时控制的目的,并为交通工程部门的规划和设计提供可靠的理论依据. 先进的交通流理论可以产生巨大的经济效益. 如20世纪60年代,由于纽约市原有的林肯隧道经常发生交通阻塞,市政府拟修建通

往新泽西州的新隧道,后来经过合理的交通建模和分析,通过对入口
交通灯的控制和管理,使现有设施的通行能力增加了 20%,从而节省
了修筑新隧道的高昂费用[7]. 因此,这一学科具有很明显的重大应用
背景. 另一方面,交通流理论为流体力学和应用数学这样的古老学科
注入了新的活力,为它们提供了更多的用武之地和发展机遇,因此,
交通流理论的研究也有深远的理论意义.

本文旨在研究大中城市快速交通干道(主要是高架路)的交通流
特性,包括高架路上的交通流参数及其相互关系、匝道附近的交通流
动力学等等. 本章中,我们将介绍高架道路交通的特点、上海市高架
道路的基本情况及其运行现状,并概述交通流理论的研究进展,最后
简单描述本论文工作的主要内容.

1.1 上海市高架道路系统的基本情况及运行现状

高架道路采用各种型式的桥梁结构,借助城市空间,建设无信号
控制的连续运行式汽车专用道路,设施的建设周期短、服务范围广、
适应性强,能够提供大容量、高速度、连续性的交通服务. 城市高架道
路的交通特性可以简单归纳如下:

(1)高速性:高架道路专供汽车使用,可以有效地解决混合交通
的问题;

(2)安全性:主要通过实行分隔行驶来保证. 分隔行驶包括两个方
面:一是设置中央分隔带,把上、下行车流分隔开来,从而杜绝对向的车
流冲突;二是将同向道路划分车道,使快慢车分道行驶,同时限制行人、
非机动车进入,采用全封闭、全立交的方式,车辆只能从上下匝道进出;

(3)高效性:高架道路应在较高的交通速度下承担较大的交通
容量. 上海市高架道路系统除南北高架和延安东路高架设计车速为
$60\,\mathrm{km/h}$ 以外,其余的高架路设计车速均为 $80\,\mathrm{km/h}$. 根据 2000 年 4
月 28 日的统计数字,上海市高架道路网的日服务车辆数达 91 万辆,
承担市中心机动车交通的 50% 左右[8].

1.1.1 上海市高架道路系统的基本情况

图 1.2 为 2001 年上海市高架道路系统建设的示意图. 由图中可以看出,"申"字形高架路网基本形成.

图例

图 1.2　上海市高架道路系统示意图[9]

上海市高架道路系统的建设大体可以分为如下的若干阶段[9]:

● 1985 年 1 月,首次提出在中山环路上建造高架道路,"逐步将沪闵路—中山环路—逸仙路一线改建为城市快速干道";

● 1988 年 1 月,完成中山路高架预可行性研究;

● 1988 年冬,进行了中山路高架的工程可行性研究;

● 1990 年至 1992 年,进行了中山环路高架的方案比选等工作;

● 1992 年至 1998 年,相继进行了南北高架、延安路高架、逸仙路高架、沪闵路高架的可行性研究等工作,到 1999 年基本建成了高架道路系统.

● 1999 年,开展了共和新路高架和武宁路高架的可行性研究.

表 1.1 列出了上海市高架道路的陆续建成通车时间表.高架道路系统的基本概况、功能及作用分别如表 1.2、表 1.3 和表 1.4 所示.

表 1.1　上海市高架道路的建成通车时间表

道 路 名 称	起点—终点	建 设 时 间
内环高架路	武宁路—沪太路	1992.9~1993.12
	周家嘴路—沪太路	1993~1994.9
	武宁路—南浦大桥	1993~1994.9
南北高架路	洛川东路—中山南路	1993.10~1995.11
延安高架路东段	中山东一路—石门一路	1996.10~1997.11
延安高架路中段	石门一路—中山西路	1998.5~1999.9
延安高架路西段	中山西路—虹桥机场	1995.11~1996.11
逸仙路高架	吴淞大桥—中山北一路	1997.12~1999.5
沪闵高架路(一期)	漕溪路桥—柳州路	1996.10~1997.9

表 1.2　上海市高架道路系统概况

分　　类	内环线高架	南北高架	延安东路高架	延安中路高架	延安西路高架	逸仙路高架	沪闵路高架
道路性质	快速路	主干道	主干道	快速路	快速路	快速路	快速路
总投资(亿元)	42	58.98	18.14	27	11.2	20	5.3
设计车速(km/h)	80	60	60	80	80	80	80
道路长度(km)	29.2	8.45	3.06	5.56	6.2	9.2	2.52
道路宽度(m)	18	25.5	25.5	25.5	25.5	25	25.5
单向车道数	2	3	3	3	3	3	3
匝道平均间距(km)	1.54	1.2	0.8	1.12	1.3	2.3	1.7
单车道通行能力(pcu/h)	1 500	1 400	1 400	1 400	1 500	1 500	1 500

表 1.3　上海市高架道路系统功能

编号	名　称	功　能
1	内环线高架	1. 吸引穿越中心区的过境交通；2. 各副中心间交通；3. 浦东浦西越江交通
2	南北高架	1. 南北向过境交通；2. 沿线出入性交通
3	延安路高架	1. 东西向过境性交通；2. 中心区与机场间交通；3. 与沪青平高速衔接；4. 东西向发展轴组成部分；5. 连接越江交通；6. 部分沿线出入交通
4	逸仙路高架	1. 中心区与东北组团间交通
5	沪闵路高架	1. 中心区与西南组团交通；2. 与沪杭高速衔接

表 1.4　上海市区高架道路作用(交通特征)

	日吸引量 (万辆次)	每日车公里数 (车公里)	平均出行距离 (高架路段)(公里)
内环线高架	28	175 万	6.25
南北高架	15	81 万	5.4
延安路高架	17	67 万	3.9

表 1.4 中,日吸引量指的是出行车辆中利用过高架道路的车次,每天上下高架系统的车辆达到 60 万辆次;市中心高架道路系统每天的车辆行驶车公里数达到 323 万,如果按照市中心区 1 066 万车公里(根据 1996 年第二次交通大调查初步报告数据推算)出行量的话,整个高架系统的出行量占了市中心区出行总量的 30%[9].

1.1.2　上海市高架道路系统的运行现状

据统计,1995 年底上海市机动车拥有量为 42 万辆,2000 年达到 70 万辆.据 1999 年预测,至 2020 年,我国经济进入中等发达国家水平,上海市的机动车极有可能发展到 200 万辆以上[10].但是,截止到 2004 年上海市机动车拥有量已超过 185 万辆,上述估计可能偏于保守.快速路网的建成,创造了快速便捷的交通条件,可提供较高的交通服务水平.内环高架路建成初期,由于其快速便捷通畅安全的交通条件吸引了大量客流,使高架道路成为驾驶员和市民出行的首选路线,"上高架"成为人们出行的常用词汇.

近年来,随着城市建设和经济的稳定发展,机动车拥有量猛增,高架的交通矛盾相继出现并趋于紧张,当时预计 2020 年以后才可能出现的高架道路交通饱和现象,却提前来到.2000 年和 2001 年内环高架路段日平均流量分别为 6.8 万辆、7.4 万辆,部分路段呈现超饱和状态,特别是沪太路—广中路路段的日流量已超过 10 万辆,宛平南路—秣陵路的日流量近 9 万辆.在如此大流量的交通压力下,内环高架频繁出现拥堵现象,并有进一步恶化的趋势,严重影响了城市骨干路网的交通运行.地面道路交通也不容乐观,据上海市城市综合交通规划研究所提供的 2001 年 8 月 27 日~9 月 7 日地面道路实测流量情况:赤峰路—中山北路、中山西路桥路段 6 小时流量达 16 022~17 896 辆,交通流量已趋饱和;交叉口流量最大的依次为武宁路、沪太路、延安西路、大柏树、漕溪路、共和新路、广中路、吴中路等,流量为 46 276~26 025 pcu/6 h.2003 年共和新路高架和卢浦大桥的通车,使得更多的外围地区车辆能够快速进入中心区,在逸仙路、沪闵路和卢浦大桥等入口,工作日高峰时进入市中心方向的流量达到了每小时 20 000 辆,超过饱和度的 1.25(指实际车流量与设计流量之比)[3].在交通高峰期间和偶发的交通事故时,阻塞现象十分严重,影响了高架道路的正常使用.

综观国内外城市高架道路的运行情况,往往在建成之后不久便出现频繁的交通阻塞,其原因是多方面的,最基本的两点是由于规划设计的缺陷以及建成后的交通管理与控制不当所导致.2003 年 12 月 29 日通车的上海市沪闵高架路二期工程,在通车的首个工作日就出现了严重的交通拥堵,早高峰时段沪闵高架开往徐家汇方向的车辆排起长队,排队长度绵延三四公里.工程设计者原本设想该工程竣工通车后,从徐家汇到莘庄以往 30 多分钟的车程只需 10 分钟就可到达,但实际通车后的情况却与预想目标背道而驰.分析拥堵原因后发现,罪魁祸首之一是工程设计存在着严重缺陷,沪闵高架二期从莘庄到徐家汇方向 5.4 公里的路段内只有上匝道,没有下匝道,高架上的车流难以疏散.当然,个别驾驶员也难辞其咎,违章变道抢行,造成多起交通事故,使原本拥堵的道路雪上加霜.另外,大量原本走外环线、延安路高架和地面道路的车辆都选择从这条新增高架进入市区,使交通压力骤增,这也是一个非常明显的客观原因.针对沪闵高架二期通车后出现的这些情况,市政部门提出在龙漕路附近增设一个下匝道的方案;交巡警部门则建议市民适当改走其它的变通路线,以达到分流高架车流的效果.因此如何在科学分析的基础上,合理分配交通流量,保证城市高架道路畅通,并更多地吸引周边道路网上的流量,便成了急需深入探讨的问题.

高架道路阻塞还表现在上、下匝道的严重不畅.在匝道与高架路主线的交汇处,当主线和匝道车流密度都较高时,由于车辆变换车道等因素的影响,时常出现车流交织困难的局面,造成匝道交汇处的交通拥堵.由于地面路网不匹配,车辆在下匝道时受阻,排队一直向后延伸到高架道路主线,从而影响了高架主线的交通.在上下匝道口,由于匝道车流需与地面主干路上的交通流汇合分流,当主干路和上下匝道上交通密度都较高时,匝道车流与主干路车流有很多冲突点,从而影响主干路上的车速,造成匝道口的交通混乱现象.

另一方面,匝道设置是否合理对高架道路系统的有效运行起着举足轻重的作用.从高架道路系统结构示意图(图 1.1)我们可以看出,匝道作为连接高架路主线与地面路网的关键性"链条",起着重要的传递作用.若匝道设置得当,可以充分发挥其输运功能,使高架道路和地面路网的车流合理地组织和分配,从而优化整个网络的交通流;反之,如果匝道设置不当,会对高架道路主线以及相交的地面道路交通产生极为不利的影响,使整个交通系统的通行质量变差,运行效率下降.因此,合理设置匝道,全面有效地发挥其"桥梁"作用,提高和改善高架道路的交通条件已成为刻不容缓的问题.

针对城市高架道路系统目前的运行状况,如何最大限度地利用有限的交通资源,挖掘现有交通设施的内在潜力;广而言之,如何用科学的理论来指导交通规划和设计、交通控制与管理,从而缓解日渐失衡的交通供求关系,成为摆在人们面前迫切需要解决的问题,我们认为,首先应该大力开展交通科学的研究,用先进的现代交通流理论来指导交通工程实践.本文通过"解剖"上海市高架道路交通这只"麻雀"来阐明这一浅显的道理.

1.2 交通流理论的研究进展

交通流问题的研究是近年来崛起的一个热门课题,其应用背景是交通运输系统的迅速发展与交通设施和管理相对滞后这一矛盾.交通问题的研究在西方发达国家最早可以追溯到 20 世纪 30 年代,起初是应用概率论分析交通流量和车速的关系[11].20 世纪 40 年代起,在运筹学和计算机技术等学科发展的基础上又获得新进展.1959 年12 月在美国底特律召开了第一次国际交通流理论会议,有美、英、澳、西德等国代表参加,这次会议被认为是交通流理论形成的标志[12].这一时期影响最大的交通流理论为 Pipes[13] 提出的车辆跟驰模型以及 Lighthill & Whitham[14] 提出的运动学理论.20 世纪 70 年代,以车辆跟驰思想为出发点的流体动力学模型开始崭露头角,其先驱性著作为 1971 年 Payne 的论文[15],由该模型方程离散化编制的 FREFLO 程序,成为第一个有工程实际意义的交通应用软件[16].目前,交通流模型既有考虑总体流动特性的宏观模型,也有研究单一车辆交通特性的微观模型,呈现出"百花齐放,百家争鸣"的局面.

交通流理论研究在一定环境下交通流随时间和空间变化而变化的规律.真实交通流由于随机因素的影响,其变化规律非常复杂.由于交通流随时间和空间连续变化,随机因素很难确定,事实上精确的交通流规律很难找到.但是,描述交通流真实状态的模型应该具备如下特点：① 控制方程为微分方程或差分方程；② 交通流演化与时间和空间两个变量有关；③ 呈现非线性；④ 可刻画随机性；⑤ 可反映动态性. 普适的、尽善尽美的交通流模型实际上是无法建立的，由于条件的苛刻和解的复杂性，即使建立了也不会有实际意义. 因此在实际研究中，人们不得不根据实际需要把真实交通流模型抽象成简单的实用模型. 至于抽象的程度，主要取决于应用的目的. 目前根据描述方法的不同，交通流模型大体上可以划分为两大类：宏观模型和微观模型.

1.2.1 交通流的宏观模型

交通流的宏观模型研究由大量车辆组成的车流集体的综合平均行为，用平均速度 $u(x, t)$、平均密度 $\rho(x, t)$ 及速度方差 $\theta(x, t)$ 等宏观量满足的方程来描述交通流，其单个车辆的个体特性并不显式出现. 交通流的宏观模型主要有流体力学模型（包括运动学模型和动力学模型）和以气体动力论为基础的动力论模型.

1.2.1.1 流体力学模型

"多少恨，昨夜梦魂中，还似旧时游上苑，车如流水马如龙，花月正春风."在这首名为《望江南》的词中，车辆络绎不绝，犹如流水；马匹首尾相接，好比长龙，非常形象地以流体的运动，形容了车马往来不绝、繁华热闹的景象[12]. 当从比较远的距离（如飞机上）俯瞰时，道路上的车辆运动看起来与流体的流动非常相似. 基于这种认识，人们发展了交通流的宏观理论，提出了流体力学模型，又称交通流连续介质模型，它将交通流视为由大量车辆组成的可压缩连续流体介质，通过对单向运动的交通流在某时刻 t 和某一位置 x 的有关变量来把握交通的特性和本质，反映一些宏观量的变化过程.

1.2.1.1.1 运动学模型

流体力学模型的提出和发展始于 20 世纪 50 年代. 1955 年，Lighthill 和 Whitham 发表了可看作交通流理论的里程碑的论文——《论运动学波》[14]，这是流体运动学理论首次应用于交通流的尝试. 不久, Richards[17] 独立地提出了类似的理论. 故后人将这一模型称为 LWR 理论. 交通流满足的连续性方程为

$$\frac{\partial \rho}{\partial t} + \frac{\partial q}{\partial x} = 0 \qquad (1.1)$$

其中, ρ 为交通密度, q 为交通流量, x 和 t 分别表示空间和时间. 如果所研究的路段中有车辆出入时, 可在 (1.1) 式右端加上源汇项 $s(x, t)$. 假设 u 为车流平均速度, 则有

$$q = \rho u \qquad (1.2)$$

该理论认为在平衡状态下平均速度 u 与交通密度 ρ 之间存在如下关系:

$$u = u_e(\rho) \qquad (1.3)$$

方程得以封闭. 由于 $q = \rho u = \rho u_e(\rho) = q_e(\rho)$, 故 (1.1) 式可写为守恒形式

$$\frac{\partial \rho}{\partial t} + q'_e(\rho) \frac{\partial \rho}{\partial x} = 0 \qquad (1.4)$$

其中 $q'_e(\rho) = \mathrm{d}q_e / \mathrm{d}\rho$. 这是一个关于密度 ρ 的一阶双曲型方程, 代表了非线性密度波的传播. 由于一般假设 $u'e(\rho) < 0$, 小扰动以 $c = q'_e(\rho) = u_e() + \rho u'_e(\rho) < u_e(\rho)$ 的特征速度传播, 说明该模型是各向异性的. Lighthill 和 Whitham 还将方程 (1.1) 推广到含扩散和惯性效应的一般形式

$$\frac{\partial q}{\partial t} + C \frac{\partial q}{\partial x} + T \frac{\partial^2 q}{\partial t^2} - D \frac{\partial^2 q}{\partial x^2} = 0 \qquad (1.5)$$

其中 C 是交通波速度, $C = \mathrm{d}q / \mathrm{d}\rho$; T 是弛豫时间, D 是扩散系数. 由于缺乏实测数据的验证, 该方程没有得到进一步研究.

LWR 模型的传统求解方法是特征线法, 利用该方法可以得到一些简单交通流问题的解析解. Bick 和 Newell[18] 运用特征线法求解了

两车道公路上双向交通流的一阶系统. Luke[19]针对某一类运动波问题提出了一个简化求解的最小化原则. 在 Lighthill 和 Whitham 的研究基础上,Rorbech[20]和 Michalopoulos 等人[21]继续讨论了交通激波的分析和应用. Michalopoulos 等人[22]根据上述一阶连续模型,利用有限差分法分析了间断交通流的特性. Ansorge[23]在 LWR 模型中引入熵的概念,指出使用满足熵条件的数值解法的必要性,并将 TVD 格式用于求解 LWR 方程. Leo[24]运用 Murman 格式求解了该模型.

LWR 模型中只含有一个连续方程,且有解析解,能够描述交通激波的形成以及交通阻塞的疏导等非线性波特性. 但该模型假设车辆运动始终满足平衡速度—密度关系式(1.3),所以不能正确描述实际上多数处于非平衡态的真实交通流,无法模拟停止—起动波(stop-start waves)和拥塞交通时扰动的向前传播[25]. 当交通处于非平衡态时,观测不到平衡曲线$(\rho, u_e(\rho))$,Treiterer 等人[26]早期的交通实测证实了这一点,而且加速流和减速流在(ρ, u)相图上循着不同的路径,这些路径通常形成一个或多个滞后环,表明非平衡状态时出现的非线性现象. 因此,为了准确地描述和解释这些交通现象,必须考虑交通流的动力学过程.

1.2.1.1.2 动力学模型

交通流动力学模型包含两个方程:连续性方程反映了车辆数的守恒定律,与 LWR 理论完全相同;运动方程描述车辆相互作用导致速度变化的动态过程,从而代替 LWR 模型中的平衡速度—密度关系.

1.2.1.1.2.1 各向同性模型的历史沿革

(1) Pipes 模型(1969)

由 LWR 理论可知,速度与密度满足平衡关系(1.3)式,从而可得对应的交通流加速度为

$$\frac{du}{dt} = u_e'(\rho)\left(\frac{\partial\rho}{\partial t} + \frac{\partial\rho}{\partial x}\frac{dx}{dt}\right) \tag{1.6}$$

由(1.4)式,得

$$\frac{\partial \rho}{\partial t} = -q'_e(\rho) \frac{\partial \rho}{\partial x} \qquad (1.7)$$

另外,由 $q_e = \rho u_e(\rho)$,有

$$q'_e = u_e + \rho u'_e(\rho) \qquad (1.8)$$

将(1.7)式代入(1.6)式,并利用(1.8)式,得到

$$\frac{\mathrm{d}u}{\mathrm{d}t} = -\rho (u'_e)^2 \frac{\partial \rho}{\partial x} \qquad (1.9)$$

(1.9)式即为 Pipes[27] 给出的交通流加速度方程.

(2) Payne 模型(1971)

Payne[15] 模型对速度—密度关系假设的改进首先是考虑了车流改变速度时需要一个延迟过程,引入了延迟时间 T;其次考虑到驾驶员行车时的前瞻效应,即认为在考察点 (x, t) 的车流速度应取决于前方某点 $(x + \Delta x, t)$ 的密度值. 这样有

$$u(x, t+T) = u_e(\rho(x + \Delta x, t)) \qquad (1.10)$$

对上式左右两边分别作关于 T 和 Δx 的 Taylor 展开,得到

$$\frac{\mathrm{d}u}{\mathrm{d}t} = \frac{\partial u}{\partial t} + u \frac{\partial u}{\partial x} = -\frac{u - u_e(\rho)}{T} + \frac{\Delta x}{T} \frac{\mathrm{d}u_e}{\mathrm{d}\rho} \frac{\partial \rho}{\partial x} \qquad (1.11)$$

取 $\Delta x = 0.5/\rho$,相当于考察车辆与前车车距的一半;同时记 $v = -0.5 \mathrm{d}u_e/\mathrm{d}\rho > 0$,称为预期指数. 这样,可得到方程如下

$$\frac{\mathrm{d}u}{\mathrm{d}t} = \frac{\partial u}{\partial t} + u \frac{\partial u}{\partial x} = -\frac{u - u_e(\rho)}{T} - \frac{v}{\rho T} \frac{\partial \rho}{\partial x} \qquad (1.12)$$

右端第一项为弛豫项,描述驾驶员调节其速度以达到平衡的速度—密度关系的加速过程,T 称为弛豫时间;第二项是期望项,表明驾驶员对其前方的交通状况产生反应的过程. Payne 在引入连续性方程时考虑了源汇项

$$\frac{\partial \rho}{\partial t}+\frac{\partial q}{\partial x}=s(x,\ t) \tag{1.13}$$

在入口匝道和出口匝道 $s(x,\ t)$ 分别为正和负. 方程(1.12)、(1.13)即为 Payne 模型的控制方程. 对该模型进行关于空间和时间的有限差分, 并利用 Euler 积分法将其离散化

$$\rho_i^{n+1}=\rho_i^n+\frac{\Delta t}{l_i \Delta x_i}(q_{i-1}^n s_i^{\mathrm{on},\ n}-q_i^n s_i^{\mathrm{off},\ n}) \tag{1.14}$$

$$u_i^{n+1}=u_i^n+\Delta t\left[-u_i^n \frac{u_i^n-u_{i-1}^n}{\Delta x_i}-\frac{1}{T}(u_i^n-u_e^n(\rho_i)+\upsilon\frac{\rho_{i+1}^n-\rho_i^n}{\rho_i^n \Delta x_i})\right] \tag{1.15}$$

$$q_i^{n+1}=\rho_i^{n+1}u_i^{n+1} \tag{1.16}$$

这里上标表示时间步, 下标表示空间步. l_i 表示在第 i 段道路上的车道数, s^{on} 和 s^{off} 分别表示进出匝道的流率.

　　Payne 模型允许速度偏离平衡速度—密度关系, 与一阶的 LWR 模型相比较, 能更准确地描述实际交通状况, 既可以得到非线性波传播特征, 又能分析小扰动失稳和时停时走交通的形成等特性, 因此在 20 世纪七八十年代得到了广泛应用. Payne 将上述模型编入其著名的 FREFLO 程序[16], 从而第一次将交通流动力学模型运用于工程实践. 但在实际应用中也出现了一些问题, Payne[28]发现, 在高密度情况下, 模型可能会遇到稳定性问题, 所得的临界密度过高而不现实. 解决这一问题可通过对密度和流量的值加上约束使其不至于高得脱离实际. Rathi 等人[29]指出, 该模型从车流速度到平衡速度的调节过程过于缓慢. 并且 Ross[30]认为, 当道路几何形状和交通量在短时间内急剧变化时, 由于调节过程的缓慢使得该模型可能无法捕捉到真实的交通动态特性. 一些研究人员[31]认为 Payne 模型拟合的结果与实测非常一致, 而另一些研究者[32]则指出该模型不能正确模拟交通瓶颈问题. Leo 和 Pretty[33]用正确的数值格式离散 Payne 模型, 结果发

现该模型可以很好地模拟瓶颈处的交通流,但他们同时发现所得的结果并不比 LWR 模型更好.

自从 Payne 模型提出后的二十多年来(20 世纪 70 至 90 年代),后人对其作了种种改进,用不同形式的运动方程来取代(1.12)式,从而发展了各种高阶连续介质模型.

(3) Papageorgiou 模型(1983)

Papageorgiou 等人[34, 31]在 Payne 的基础上考虑了进出匝道流量的影响,将方程(1.12)修正为

$$\frac{\mathrm{d}u}{\mathrm{d}t} = \frac{\partial u}{\partial t} + u\frac{\partial u}{\partial x} = -\frac{1}{T}(u - u_e(\rho)) - \frac{\upsilon}{\rho T}\frac{\partial \rho}{\partial x} - \frac{\delta us}{\rho} \quad (1.17)$$

这里 s 为进出匝道的流率. δ 为在 0 和 1 之间的参数. 将该方程离散成

$$u_i^{n+1} = u_i^n + \Delta t\Big[-\frac{\zeta}{\Delta x_i}u_i^n(u_i^n - u_{i-1}^n) - \frac{1}{T}(u_i^n - u_e(\rho_i^n) +$$

$$\frac{\upsilon}{\Delta x_i}\frac{\rho_{i+1}^n - \rho_i^n}{\rho_i^n + \kappa})\Big] - \frac{\Delta t\delta u_i^n s_i^n}{\Delta x_i(\rho_i^n + \kappa)}$$

$$(1.18)$$

式中 ζ, υ, κ 为参数,当 ρ_i^n 很小时,κ 用以限制上式中分母有 ρ_i^n 的项. 并且当第 $i+1$ 个路段含有驶入匝道时

$$q_i^n = \alpha\rho_i^n u_i^n + (1-\alpha)(\rho_{i+1}^n u_{i+1}^n - s_{i+1}^n) \quad (1.19a)$$

而当第 i 路段含有驶出匝道时

$$q_i^n = \alpha\rho_i^n u_i^n + (1-\alpha)(\rho_{i+1}^n u_{i+1}^n - |s_i^n|) \quad (1.19b)$$

式中 $0 \leqslant \alpha \leqslant 1$ 为一常数,用以考虑两相邻路段流量的不连续性. Papageorgiou 模型在交通流比较均匀时可以很好地描述交通流状态,但当某一路段下游发生阻塞时,它就表现出一定的局限性. 此外,要确定 ζ 和 α 的数值也相当困难.

在 Papageorgiou 模型中采用平衡速度—密度关系时,并没有考虑

各种重型车辆对此关系的影响(比如卡车的比例),而且如果卡车被限制于右车道时问题较为突出,这时的交通流不能看作是均匀的交通流.Cremer[35]对此关系做了相应的扩展,并考虑了卡车比例对模型的影响.

(4) Kühne 模型(1984)

Kühne[36]在动力学方程右端加入形如粘性流体的二阶导数项,得到类似于 Navier - Stokes 方程的交通流动力学方程

$$\frac{\mathrm{d}u}{\mathrm{d}t} = \frac{\partial u}{\partial t} + u\frac{\partial u}{\partial x} = -\frac{1}{T}(u - u_e(\rho)) - \frac{c_0^2}{\rho}\frac{\partial \rho}{\partial x} + \nu\frac{\partial^2 u}{\partial x^2} \quad (1.20)$$

式中,c_0 为等效声速,与车流跟驰的弹性有关.ν 为运动粘性系数,反映阻滞作用的粘性项的存在可以顺滑交通激波.线性稳定性分析表明,当 $\rho < \rho_c$ 时交通状态是稳定的,$\rho_c = -\dfrac{c_0}{\partial u_e(\rho)/\partial \rho}$ 为临界密度;当 ρ 超过 ρ_c 时交通完全瘫痪.该模型可用于拥挤状态的交通流分析.

(5) Ross 模型(1988)

Ross[30]对于交通流的估计比较乐观.他认为驾驶员的行驶愿望十分强烈,只要密度尚未达到饱和,都会"尽可能"地以某个畅行速度 u_f 进行驾驶.他提出了一个不依赖于速度-密度平衡关系的极为简单的高阶模型

$$\frac{\mathrm{d}u}{\mathrm{d}t} = \frac{\partial u}{\partial t} + u\frac{\partial u}{\partial x} = -\frac{u - u_f}{T}, \quad \rho < \rho_{\text{jam}} \quad (1.21a)$$

Ross 对于"尽可能"的界限是通过引入道路的通行能力 C 来设置的,即

$$u \leqslant C/\rho \quad (1.21b)$$

当车流密度达到超饱和时,Ross 认为车流已经处于一种不可压缩的状态,这时流量与空间变量 x 无关,即

$$\frac{\partial q}{\partial x} = 0, \quad \rho = \rho_{\text{jam}} \quad (1.21c)$$

在 Ross 模型中,驾驶员的行驶愿望如此强烈,这无疑较好地还原了交通流的动力学特性,因而有一些较好的数值计算结果. 尤其是对于因交通事故受阻和前方车道减少所产生的"瓶颈"现象,Ross 模型都能给出符合实际的描述. 但 Ross 模型的缺陷也是一目了然的. 由(1.21a)式可以看出,加速度是恒大于零的,这使模型的描述为不断加速的情形;饱和密度下交通流不可压缩的假定使得车流起动是同时的,即当队列头车起动时,整个队列立刻全部起动,起动波的传播速度无限大. 因为 Ross 模型的加速度永远大于零,所以不适于描述拥挤交通流,Zhang[37]稍作改进,提出适用于拥挤交通时的新模型

$$\frac{\partial u}{\partial t} + u \frac{\partial u}{\partial x} = \frac{1}{T}(u_e - u) \qquad (1.22)$$

(6) Michalopoulos 模型(1993)

Michalopoulos 等人[22, 38]认为,道路几何形状发生变化(如车道数增加或减少)将导致车流畅行速度的变化,因此在动力学方程中要考虑到道路系统的物理约束;同时考虑匝道车流同主道车流相互影响而引起的摩擦,提出如下的运动方程

$$\frac{\mathrm{d}u}{\mathrm{d}t} = \frac{\phi}{T}(u_f(x) - u) - G - \upsilon\rho^{\beta}\frac{\partial\rho}{\partial x} \qquad (1.23a)$$

以及

$$T = t_0 \left(1 + \frac{r\rho}{\rho_{\mathrm{jam}} - r\rho}\right) \qquad (1.23b)$$

$$G = \mu\rho^{\varepsilon}s \qquad (1.23c)$$

式中,ϕ 为一标记值,当畅行速度 u_f 从上游路段到当前路段沿途有变化时取为 1,否则为 0. $t_0 > 0$, $0 < r < 1$, ε, β 为无量纲的常数,μ 是与道路几何特征有关的参数,υ 为预期指数. Michalopoulos 认为弛豫时间 T 不是常数(见式 1.23b),一般说来,当密度较大时,弛豫时间应相对较小,这使得在高密度区反应过慢的问题得以解决. Michalopoulos 等

人[39]还利用有限差分法编制了著名的计算程序 KRONOS.

方程(1.23a)右端第一项表示由于畅行速度 u_f 沿路段变化而引起车流的调整；第二项为摩擦项；第三项为期望项. 由该方程与(1.13)式所组成的控制方程组的离散形式为

$$U_i^{n+1} = \frac{1}{2}(U_{i+1}^n + U_{i-1}^n) - \frac{\Delta t}{\Delta x}(E_{i+1}^n - E_{i-1}^n) + \frac{\Delta t}{2}(Z_{i+1}^n + Z_{i-1}^n)$$

(1.24a)

其中

$$U = \begin{pmatrix} \rho \\ \rho u \end{pmatrix}$$

(1.24b)

$$E = \begin{bmatrix} \rho u \\ u^2\rho + \frac{\upsilon}{\beta+2}\rho^{\beta+2} \end{bmatrix}$$

(1.24c)

$$Z = \begin{bmatrix} s \\ \frac{\phi}{T}\rho[u_f(x)-u] - G\rho + s \end{bmatrix}$$

(1.24d)

其中 Δt, Δx 分别为时间步长和空间步长.

(7) Kerner - Konhäuser 模型(1993)

Kerner 和 Konhäuser[40, 41]提出用与密度成反比的粘性系数来取代 Kühne 方程(1.20)中的常数粘性系数,运动方程改写为

$$\frac{du}{dt} = \frac{\partial u}{\partial t} + u\frac{\partial u}{\partial x} = -\frac{1}{T}(u - u_e(\rho)) - \frac{c_0^2}{\rho}\frac{\partial \rho}{\partial x} + \frac{\mu}{\rho}\frac{\partial^2 u}{\partial x^2}$$

(1.25)

该模型成功地解释了"幽灵式交通阻塞"(phantom traffic jam,指不明原因的交通阻塞)[40]. 利用该模型,Kerner 和 Konhäuser 率先研究了交通流的亚稳态特性和局部堆集现象[41]. Kerner - Konhäuser

模型对参数和速度—密度关系的选取非常敏感,Lee 等人[42] 给出了较好的参数选取方案.

(8) Zhang 模型(1998)

基于驾驶员的跟车行为,Zhang[37] 提出一种新的非平衡交通流模型,其运动方程为

$$\frac{\partial u}{\partial t} + u\frac{\partial u}{\partial x} = -\frac{1}{T}(u - u_e(\rho)) - \rho(u'_e(\rho))^2\frac{\partial \rho}{\partial x} \qquad (1.26)$$

当交通比较拥挤时,方程右端两项(速度修正项和期望项)之间的相互作用可能导致系统的振荡行为,这可以解释困惑交通研究者几十年的时停时走交通现象. 当交通畅通时,该模型就简化成了 Ross 模型(1.21a). 张鹏等人[43] 针对该模型,利用有限元方法进行了交通流问题的数学理论分析和数值模拟试验,并对数值结果进行了讨论和分析.

(9) 吴正模型(1994)

我国学者吴正针对国内大部分城市以低速混合交通流为主的国情,将一维管道流动的动量方程引入交通流模型[44]

$$\frac{\partial(\rho A)}{\partial t} + \frac{\partial(\rho uA)}{\partial x} = 0$$

$$\frac{\partial(\rho uA)}{\partial t} + \frac{\partial(\rho u^2 A)}{\partial x} + A\frac{\partial p}{\partial x} + \tau_w = 0 \qquad (1.27a)$$

式中,A 为车道数;τ_w 为车流经过单位面积时所受的阻力,计算中常取作 0;p 为等效压力,类似气体动力学,将其写成

$$p = c\rho^n \qquad (n \geqslant 1) \qquad (1.27b)$$

其中 c 和 n 为交通状态参数. 吴正等人[45] 建立了相应的实测方法,求得了临界密度与临界流量. 为了进一步验证交通状态指数 n 的经验公式,吴正等人又进行了大量的实际观测和统计分析[46, 47]. 东明[48] 在吴正模型的基础上,考虑了正比于速度的阻尼项的作用,数值模拟分析了地面交通对高架路交通的影响.

(10) 冯苏苇模型(1997)

冯苏苇[49]引入了道路面积可变化效应,得出了如下形式的运动方程

$$\frac{\partial u}{\partial t} + u\frac{\partial u}{\partial x} = \phi_e\frac{u_e - u}{T} - \frac{c_0^2}{\rho}\frac{\partial \rho}{\partial x} - \phi_A\frac{\rho}{\rho_{cr}A_{ahead}}u^2 \qquad (1.28)$$

式中,ϕ_e 为松弛系数,T 为弛豫时间,ϕ_A 定义为面积可变系数,ρ_{cr} 为单车道临界密度,A_{ahead} 为考察单元的前一单元的车道面积(路面宽度). 利用该模型进行数值模拟,正确地解释了车辆停靠对交通"瓶颈"形成所产生的作用.

(11) 徐伟民模型(2002)

徐伟民等人[50]将交通流中的每个参数在流体流中找到恰当的比拟,通过理论推导,得出了如下的交通流动力学模型

$$\begin{cases} \dfrac{\partial \rho}{\partial t} + \dfrac{\partial(\rho u)}{\partial x} = 0 \\[2mm] \dfrac{\partial u}{\partial t} + u\dfrac{\partial u}{\partial x} + \dfrac{1}{\rho}\dfrac{\partial P}{\partial x} = 0 \end{cases} \qquad (1.29)$$

式中,P 称为交通压力,是交通流中存在的与流体压力类似的某种作用力. 类比于流体压力,取 $P = P_1 + q(u_1 - u)$,它对交通流的影响也如同流体压力的影响,只不过这种影响是对整个断面产生作用. 该模型没有给出相应的数值算例,故其合理性还有待验证.

1.2.1.1.2.2 统一的各向同性模型方程

对于上述的所有流体动力学模型以及此类模型的改进模型,其运动方程可以统一写成如下形式

$$\frac{\partial u}{\partial t} + u\frac{\partial u}{\partial x} = -\frac{1}{\rho}\frac{\partial P}{\partial x} + H \qquad (1.30)$$

其中 P 为等效交通压力项,H 为方程的非齐次项. 我们将上面提及的各种模型其运动方程所对应的 P 和 H 的具体形式汇总成表 1.5.

由表 1.5 可以看出,等效交通压力 P 是 ρ 和 u 的函数,即 $P =$

$P(\rho, u)$；运动方程的非齐次项 H 一般为弛豫项或者其改进的变型，也有少数模型没有考虑弛豫作用（如 1，9 和 11 模型）. 由方程(1.1)结合(1.2)式，可以得到下式

$$\rho_t + u\rho_x + \rho u_x = 0 \qquad (1.31)$$

表 1.5   流体动力学模型所对应的 P 和 H 的不同形式

流体动力学模型	等效交通压力 P	非齐次项 H
Pipes 模型(1969)	$\rho^3 u_e'^2(\rho)/3$	0
Payne 模型(1971)	$-u_e(\rho)/2T$	$(u_e(\rho)-u)/T$
Papageorgiou 模型(1983)	$-u_e(\rho)/2T$	$(u_e(\rho)-u)/T-\delta u S/\rho$
Kühne 模型(1984)	$\rho c_0^2 - \nu \dfrac{\partial u}{\partial x}$	$(u_e(\rho)-u)/T$
Ross 模型(1988)	0	$(u_f-u)/T$
Michalopoulos 模型(1993)	$\nu\rho^{\beta+2}/(\beta+2)$	$\phi(u_f(x)-u)/T-\mu\rho^e s$
Kerner-Konhäuser 模型(1993)	$\rho c_0^2 - \mu \dfrac{\partial u}{\partial x}$	$(u_e(\rho)-u)/T$
Zhang H. M. 模型(1998)	$\rho^3 u_e'^2(\rho)/3$	$(u_e(\rho)-u)/T$
吴正模型(1994)	$p(A=1, \tau_w=0)$	0
冯苏苇模型(1997)	ρc_0^2	$\phi_e \dfrac{u_e(\rho)-u}{T} - \phi_A \dfrac{\rho}{\rho_{cr} A_{\text{ahead}}} u^2$
徐伟民模型(2002)	$P_1 + q(u_1 - u)$	0

将 $P = P(\rho, u)$ 代入方程(1.30)，整理可得

$$u_t + \frac{1}{\rho}P_\rho \rho_x + \left(u + \frac{1}{\rho}P_u\right)u_x = H \qquad (1.32)$$

两式中的各项微分引入简写形式，比如 $u_t = \dfrac{\partial u}{\partial t}$，$P_\rho = \dfrac{\partial P}{\partial \rho}$，其余类推.

由方程(1.31)和(1.32)组成了交通流的控制方程组，将其表示成矢量形式

$$U_t + A(U)U_x = S(U) \qquad (1.33)$$

其中 $U = (\rho, u)^{\mathrm{T}}$, $A(U) = \begin{bmatrix} u & \rho \\ P_\rho/\rho & u + P_u/\rho \end{bmatrix}$, $S(U) = (0, H)^{\mathrm{T}}$ 将 (1.33)写成流通量的守恒形式

$$U_t + F(U)_x = S(U) \tag{1.34}$$

A 是矢量流 $F(U)$ 的 Jacobi 矩阵. 满足方程(1.33)的系统的性质是由矩阵 A 的本征值所确定的,这个本征值即为特征速度,决定着扰动在交通流中如何传播. 对(1.33)作特征分析,可以得到两个本征值

$$\lambda_{1,2} = u + \frac{1}{2\rho}P_u \pm \sqrt{\frac{1}{4\rho^2}(P_u)^2 + P_\rho} \tag{1.35}$$

这样,对于表 1.5 中的各种模型,可以计算得到其对应的本征值. 譬如

$\lambda_{1,2} = u \pm |u_e'(\rho)|\rho$ (Pipes 模型,Zhang H. M. 模型(1998));

$\lambda_{1,2} = u \pm \sqrt{-\frac{1}{2T}u_e'(\rho)}$ (Payne 模型, Papageorgiou 模型);

$\lambda_{1,2} = u \pm \sqrt{\upsilon\rho^{\beta+1}}$ (Michalopoulos 模型).

可以看出,对于上述的绝大多数模型,系统所得的特征速度总有一个大于车流的平均速度 u,导致与该特征速度相关的膨胀波或激波总是从后面到达前面的车辆,即后车的扰动会影响前车的行为,这与实际交通情况是相违背的. 实际车流是各向异性的,驾驶员主要对来自前方的刺激进行反应而不太受后车行为的影响. 当特征速度超过车速时,就会导致"类气体行为". 这一问题也导致了在某些条件下,车辆会出现倒退的现象,对此,美国学者 Daganzo 提出了强烈的质疑[51].

1.2.1.1.2.3　各向异性模型的发展

针对交通流动力学模型存在的上述普遍问题,近几年来,不同学者从不同角度进行研究,相继提出了几种各向异性的交通流动力学模型,初步解决了上述的"类气体行为"问题和车辆倒退问题.

Zhang[52]基于 Pipes[13] 跟驰模型的思想,提出了如下模型

$$\frac{\partial u}{\partial t} + u \frac{\partial u}{\partial x} = c(\rho) \frac{\partial u}{\partial x} \qquad (1.36)$$

其中 $c(\rho) = - \rho u'_e(\rho) \geqslant 0$ 为等效声速.

将这一模型写为矢量形式

$$\begin{pmatrix} \rho \\ u \end{pmatrix}_t + \begin{pmatrix} u & \rho \\ 0 & u - c(\rho) \end{pmatrix} \begin{pmatrix} \rho \\ u \end{pmatrix}_x = 0 \qquad (1.37)$$

其矢量流 Jacobi 矩阵的两个本征值为

$$\lambda_1 = u + \rho u'_e(\rho) < u = \lambda_2 \qquad (1.38)$$

该模型的运动方程中不再出现密度梯度. 所得到的两个特征速度都不大于车流速度,最大等于车速. 所以该模型是各向异性的,克服了前述模型的缺陷.

Zhang 的各向异性模型将 LWR 模型作为它的一个特例,即当 $u = u_e(\rho)$ 时,该模型就简化为 LWR 模型. 而且 Zhang 模型可以模拟 Daganzo[51] 及 Cassidy 等人[53]于 1995 年发现的密集交通时扰动向前传播的问题,即高密度交通时,扰动趋向于没有扩散地跟随车流一起运动,而该现象与 LWR 模型的预期结果相抵触. 同时,Zhang 提出的新模型还可以正确解释队尾行为(queue-end behavior)并且模拟交通相变.

另外,Aw A. 等人[54]利用欧拉坐标,将对空间变量 x 的导数项替换为对流导数项,得出了新的交通流动力学模型

$$\frac{\partial u}{\partial t} + (u - \rho p'(\rho)) \frac{\partial u}{\partial x} = 0 \qquad (1.39)$$

其中 $p(\rho)$ 为一平滑的增函数且假定 $p(\rho) = \rho^\gamma$, $\gamma > 0$. 矢量流的 Jacobi 矩阵的本征值

$$\lambda_1 = u - \rho p'(\rho) \leqslant \lambda_2 = u \qquad (1.40)$$

对应的本征矢为

$$r_1 = \begin{pmatrix} 1 \\ -p'(\rho) \end{pmatrix} \quad r_2 = \begin{pmatrix} 1 \\ 0 \end{pmatrix} \tag{1.41}$$

由于模型中的两个特征速度最大为车流速度,故该模型也是各向异性的,从而摒弃了大多数"二阶"模型的缺陷.此外,该模型可以很好地预测出畅行交通条件下的不稳定性.但是,这种模型的建立缺少令人信服的物理诠释.

国内学者对此也做了很多工作.姜锐等人考虑到正负速度差对车辆行为的影响,提出了全速度差跟驰模型[55],在此基础上,采用直观推断法,将跟驰模型中的微观变量转换为宏观变量,从而发展了一种新的交通流动力学模型,即速度梯度模型[56, 57]

$$\frac{\partial u}{\partial t} + u\frac{\partial u}{\partial x} = \frac{u_e - u}{T} + c_0\frac{\partial u}{\partial x} \tag{1.42}$$

其中 $c_0 = \Delta/\tau \geqslant 0$,代表运动车流小扰动向后的传播速度,$\tau$ 是扰动向后传播 Δ 距离所需的时间.对该模型的控制方程组进行特征分析,得到特征速度

$$\lambda_1 = u - c_0 < u = \lambda_2 \tag{1.43}$$

显然,速度梯度模型不存在大于车流平均速度的特征速度,表明该模型是各向异性的,可以更好地描述实际交通.数值模拟结果显示,该模型可以描述时停时走交通以及局部堆集效应.

薛郁[58]直接从 Payne 假设出发,并且考虑到车流的时间—位置的前瞻性预期行为和车流速度的延迟时间 T 不同于驾驶员的反应时间 $\tau(\tau < T)$,推导出交通流的流体动力学模型

$$\frac{\partial u}{\partial t} + (u-c)\frac{\partial u}{\partial x} = \frac{u_e(\rho) - u}{T} \tag{1.44}$$

其中 $c = -\rho\frac{\tau}{T}\frac{du_e}{d\rho} \geqslant 0$ 为扰动传播速度.对模型的控制方程组进行特

征分析,得到特征速度为

$$\lambda_1 = u - c < \lambda_2 = u \qquad (1.45)$$

可以看到,该模型也不存在大于宏观车流速度的特征速度,与实际交通情况相符. 数值模拟表明,这种考虑不同时间尺度行为的交通流动力学模型能够较好地描述车流的非平衡相变和非线性现象[59]. 通过比较发现,Zhang 模型和姜锐模型可以看作薛郁模型的特例[60].

1.2.1.2 动力论模型

城市道路交通在低密度下为个别车辆的运动,而在高密度下则以车队形式流动,显示了交通流动与分子运动的相似性. 在动力论模型中,交通流被看作是相互作用粒子的运动,其中每个粒子代表一辆车. 通过积分关于相空间密度分布函数的 Boltzmann 方程,然后引入近似关系来封闭,就得到了宏观的交通流模型方程组.

20 世纪 60 年代,Prigogine 首先提出并研究了一种简单的气体动力论模型[61]. 1971 年,Prigogine 和 Herman[62] 总结了这方面的工作. 随后,Phillips[63] 改进了 Prigogine 模型,使其能考虑多车道公路上的超车因素和车道改变因素,也可以解释时停时走现象. 但该模型在一定的密度范围不稳定,尤其是在高密度区,交通压力随 ρ 增大而减小,车辆会加速进入拥挤区,这是不符合交通实际的.

在 Prigogine 模型中,车辆的期望速度是由道路的性质而非驾驶员的行为所决定的. 而实际上不同驾驶员有着完全不同的个性:"争强好胜的"期望驾驶速度快,"胆怯的"则期望慢些驾驶. 在假设每个驾驶员有着各自期望速度的基础上,Paveri - Fontana[64] 提出了改进的动力学模型. 在此基础上,很多学者又考虑到多种因素,包括考察多车道效应、考虑混合车辆以及引入广义相空间密度等等[65~68],对该模型作了相应改进.

非常值得关注的是,Helbing 等人[69, 70] 在考虑车流的弛豫过程以及交通流的各向异性基础上,提出了 GKT 模型(gas-kinetic-based traffic model):

$$\left(\frac{\partial}{\partial t}+U\frac{\partial}{\partial x}\right)U=-\frac{1}{\rho}\frac{\partial(\rho\theta)}{\partial x}+\frac{U_0-U}{T}-\frac{U_0 A(\rho)(\rho_a TU)^2}{\tau A(\rho_{\max})(1-\rho_a/\rho_{\max})^2}B(\delta_v)$$

$$(1.46a)$$

其中，Boltzmann 因子

$$B(\delta_v)=2\left[\delta_v\frac{e^{-\delta_v^2/2}}{\sqrt{2\pi}}+(1+\delta_v^2)\int_{-\infty}^{\delta_v}\mathrm{d}y\frac{e^{-y^2/2}}{\sqrt{2\pi}}\right]\qquad(1.46b)$$

$$\delta_v=\frac{U-U_a}{\sqrt{\theta+\theta_a}}\qquad(1.46c)$$

速度方差

$$\theta=A(\rho)U^2\qquad(1.46d)$$

$$A(\rho)=A_0+\Delta A\tanh\left(\frac{\rho-\rho_c}{\Delta\rho}\right)\qquad(1.46e)$$

式(1.46a)中右端第一项是交通压力梯度项,描述了非均匀交通条件下宏观速度的运动学扩散过程;右端第二项表示驾驶员在弛豫时间 T 内向平均期望速度 U_0 调整的加速行为;第三项模拟车辆对前方作用点 x_a 处的交通状况产生反应的刹车行为,其中 $x_a=x+\gamma(1/\rho_{\max}+TU)$, TU 为车辆间的安全距离, γ 为期望因子.

与前述的宏观交通模型相比,GKT 模型具有非局部特征,类似于其它模型中的粘性项,这种非局部性具有顺滑作用,数值稳定性很强. Helbing 提出的模型能够描述由匝道引起的各种交通状态的形成和交通相变,不仅能准确解释"幽灵式交通阻塞",而且还能解释时走时停交通引起的堆集形成以及同步流交通等非线性动态现象. Helbing 等人[71]已经以此模型为基础研究开发了软件包 MASTER (MAcroscopic Simulation of Traffic to Enable Road predictions),可以实时有效地模拟上千公里长的高速公路上的交通.

1.2.2 交通流的微观模型

交通流的微观模型着眼于单个车辆在相互作用下的个体行为描

述,主要包括跟驰模型和元胞自动机模型.

1.2.2.1 跟驰模型

跟驰模型将交通中的车辆看作分散的粒子,假设车流中的每一辆车必须与前车保持一定的跟随距离以免发生碰撞,后车的加速或者减速取决于前车,考虑车辆对刺激的反应以及滞后的阻尼效应,进而建立前车与后车的相互关系. 每辆车的运动规律可以通过微分方程来描述,通过求解微分方程就可以确定车流的演化过程.

跟驰模型假定车辆间的作用是单向的,每个驾驶员仅对来自前方车辆的激励作用做出反应. 在不考虑道路条件和驾驶员个性等因素时,这种激励作用可以写成统一形式

$$\ddot{x}_n = f(u_n, \Delta x_n, \Delta u_n) \tag{1.47}$$

其中 x, u 表示车辆的位置和速度,下标 n 为车辆标号(第 n 辆车跟随第 $n+1$ 辆车),$\Delta x_n = x_{n+1} - x_n$ 是车头间距,$\Delta u_n = u_{n+1} - u_n$ 是相对速度.

最早的跟驰模型是由 Pipes[13] 提出的,其基本思想是:当前车速度大于后车时,后车加速;当前车速度小于后车时,后车减速. Chandler 等人认为不能忽略车辆速度的延迟调整效应,提出了改进模型[72]. 为了正确解释观测到的基本图并统一种种变异的模型,Gazis 等人[73] 引进了含两个参数的广义敏感度因子.

上述几种模型只考虑了两车速度差对跟随车的作用,其缺陷是显而易见的:当前后两车速度相等时,无论两车相距多近或多远,跟随车都不做出反应,这是不现实的. 另外,模型也不能描述单个车辆的驾驶行为:当车辆 n 没有前车时,此时 $\Delta x_n \to \infty$,模型显示为车辆不加速,而实际情形却是车辆在畅行交通中应该达到它的期望速度. 为此,后人陆续提出了种种改进的跟驰模型,主要有:

Newell[74] 提出一种新的跟驰模型,模型中不再假定车速调整到前车的速度,而是假定调整到一个依赖于车头间距的速度. 但该模型不适于处理车辆在交通指示灯由红转绿时的加速通行等情形.

Bando 等人[75]提出了最优速度模型,解决了 Newell 模型的问题,可以模拟实际交通流的许多定性特征,如交通失稳、阻塞演化、时停时走等.

Helbing 和 Tilch[76]利用实测数据对 Bando 模型进行了辨识,结果显示 Bando 模型会产生过高的加速度以及不切实际的减速度,并且可能会出现撞车.为此,Helbing 等人提出了广义力模型,模拟结果显示比 Bando 模型更加符合实测数据.

Treiber 等人[77]提出了智能驾驶模型(Intelligent Driver Model),该模型是尝试更加逼真地描述司机行为的一个范例,它容易标定、数值计算高效,数值模拟得到的结果与 GKT 模型模拟的结果一致,能够再现复杂的交通现象.

薛郁等人[78, 79]在 Bando 模型的基础上,考虑相对速度对车辆加速度的影响,提出了具有相对速度的优化速度跟驰模型,利用线性稳定性理论分析,得到了车流的稳定性判据.并且应用摄动理论解析地研究了车辆行驶过程中的交通波,数值模拟得到的相图与解析研究相吻合.

1.2.2.2 元胞自动机模型

元胞自动机交通流模型是在 20 世纪 80 年代提出,90 年代得到迅速发展的一种动力学模型.将元胞自动机理论应用于交通,最早是由 Cremer 和 Ludwig[80]于 1986 年提出的,其基本思想是:采用离散的时间、空间和状态变量,并且给定车辆运动的演化规则,然后通过大量的样本平均来揭示交通规律.在元胞自动机模型中,道路被划分为等距的格子,每个格点表示一个元胞.在任一时刻 t,元胞或者是空的,或者被一辆车占据.在 $t \rightarrow t+1$ 的时间步里,根据给定的规则对系统的状态进行更新.

1.2.2.2.1 一维元胞自动机模型

一维元胞自动机模型关注路段上同方向车辆的相互作用,适用于模拟高速公路或者城市交通环线上的交通流.

(1) 184 号模型

最简单的一维模型是 Wolfram 命名的 184 号模型[81].所有车辆

的运行方向都相同,在每一个时间步,如果第 i 辆车前方的元胞是空的,它可以向前运行一步;如果前方元胞被其它车辆占据,第 i 辆车就原地不动,即使前方车辆在该时间步内离开. 对于 184 号模型,某个元胞在下一时刻的状态(是否被车辆占据)是由该元胞及其前后相邻元胞在该时刻的状态共同决定的. 如果用 1 表示元胞被车辆占据,用 0 表示元胞为空,可以得到模型演化规则的标准形式如表 1.6 所示.

表 1.6 　184 号模型基本演化规则的标准形式

该 时 刻	111	110	101	100	011	010	001	000
下一时刻	1	0	1	1	1	0	0	0

把表 1.6 中第二行的演化结果看作一个二进制数"10111000",化为十进制即为 184,故将该模型命名为"184 号模型". 模型规则相当简单,成为后续发展的各种元胞自动机模型的基础.

(2) NS 模型

作为对 184 号模型的推广,Nagel 和 Schreckenberg 于 1992 年提出了非常著名的 NS 模型[82]. 与 184 号模型相比,该模型引入了随机慢化的可能性并考虑到了车辆的加速过程,车辆的行驶速度不仅限于 1,可以取 $\{0, 1, 2, \cdots, v_{\max}\}^1$ 集合中的任一数值,$v_{\max}$ 为最大速度. $\text{gap}_n = x_{n+1} - x_n - 1$ 表示第 n 辆车与前车的间距. x_n 和 v_n 分别表示第 n 辆车的位置和速度,模型采用周期性边界条件以保持车辆数目守恒,演化规则分为如下的四个步骤:

(a) 加速过程:$v_n \rightarrow \min(v_n + 1, v_{\max})$;
反映了现实中驾驶员尽可能快速行驶的特性;

(b) 减速过程:$v_n \rightarrow \min(v_n, \text{gap}_n)$;
这是为了避免和前车发生碰撞而采取的减速措施;

(c) 随机慢化:$v_n \rightarrow \max(v_n - 1, 0)$(以概率 p);
驾驶员不同的行为方式以及各种不确定因素而造成的车辆减速过程;

(d) 位置更新：$x_n \rightarrow x_n + v_n$.

车辆根据上面三个步骤后确定的速度向前行驶.

NS 模型规则比较简单,可以描述一些实际交通现象,如交通阻塞的自发形成以及拥挤交通情况下的时走时停波等.该模型的提出引起了国内外学者的极大兴趣,他们随后做了大量工作,主要包括：

巡航控制极限(cruise-control limit)模型[83]将 NS 模型的随机慢化概率做了如下改进：当 $v < v_{max}$ 时,随机慢化概率为 p；当 $v = v_{max}$ 时,概率取为 $p_{v_{max}}$,其中 v 指的是车辆在演化规则减速过程结束后的速度值.在 NS 模型中 $p_{v_{max}} = p$,而该模型中对应的是 $p_{v_{max}} \rightarrow 0, p \neq 0$.通过选取合适的边界条件,系统呈现出自组织临界行为.

先后有三种模型考虑到了慢启动规则,分别是 TT 模型[84],BJH 模型[85]和 VDR(velocity-dependent-randomization)模型[86].慢启动规则的引入可以产生亚稳态、滞后效应和高密度情况下的相分离现象,数值模拟结果与实测更相符,优于 NS 模型.

国内学者对 NS 模型也进行了很多改进,相继提出了细化时间步模型[87],密度相关的慢启动概率模型[88],虚拟速度模型[89],基于跟车思想模型[90],敏感驾驶模型[91]和可变安全间距模型[92]等等.谭惠丽等人[93]还对经过改进的 NS 模型在开放边界条件下的性质进行了研究.

(3) FI 模型

作为 NS 模型的一种简化,日本学者 Fukui 和 Ishibashi 于 1996 年提出了 FI 模型[94].FI 模型将 NS 模型状态更新规则的第一步和第三步做了改进：在加速过程步,如果第 n 辆车的速度 v_n 尚未达到最大速度,不论其速度为多少,都可以直接加速到 v_{max}；在随机慢化步,达到最大速度 v_{max} 的车辆,速度以概率 p 慢化为 $v_{max} - 1$,其它未达到最大速度的车辆保持原速度不慢化.

FI 模型与 NS 模型的主要区别有二：一是车辆的加速过程不是逐步完成的,可以从车速为 0 突然加速到 v_{max}；二是只有那些车速达到 v_{max} 的车辆才可以随机减速.当 $v_{max} = 1$ 时,FI 模型就退化成 NS

模型;当 $v_{\max} = 1$, $p = 0$ 时,FI 模型就等价于确定性的 184 号模型. 我国学者汪秉宏等人[95, 96]引入了"车距分布独立性假定",在此假定的基础上结合统计力学细致平衡条件的运用,给出了 FI 模型相变基本图曲线的解析平均场方程,所得结果与数值模拟结果精确地吻合. 王雷等人[97]将 FI 模型与 NS 模型相结合,得到了更接近实际车辆运行情况的 WWH 模型.

(4)多车道模型

为了更加现实地描述实际交通,必须将理想化的单车道元胞自动机模型扩展到多车道上,模型扩展的核心是车道变换规则.

对于车道来说,车道变换规则可以是对称的或者非对称的. 对称性规则指给定的车辆无论处于哪个车道规则都相同,非对称性规则指车辆从左车道换至右车道时的规则不同于右车道换至左车道时的规则,左车道和右车道一般被定义为快车道和慢车道. 另外,如果车流中存在两种不同车型(比如轿车和卡车),具有不同的最大速度 $v_{\max}$,那么对于车辆来说换车道规则也可以是对称或者非对称的. 对称性规则是指换道规则与车辆的最大速度无关,非对称性规则指的是换道规则依赖于车辆的最大速度. 总的来说,对称性换道规则便于进行理论分析,而非对称性换道规则更合乎交通实际.

Nagatani[98, 99]首先利用完全确定性的规则考察了 $v_{\max} = 1$ 的双车道系统,车辆在一个时间步内要么变换车道,要么向前行驶,但该模型模拟得到的现象与现实完全不符:由几辆车组成的小车队总是在两条车道间来回摆动,不再向前行进.

Rickert 等人[100]认为,双车道模型的更新规则分为两个子步:第一个子步,车辆根据换车道规则平行地更换车道;第二个子步,车辆像在单车道一样按照规则更新然后向前行驶. 换车道行为必须满足两个前提:一是换道动机;二是安全保障. 他们假定,如果满足如下的四个判据,车辆就可以变换车道:

$$\text{(C1) } \mathrm{gap}(i) < l; \tag{1.48a}$$

(C2) $\mathrm{gap}_o(i) > l_o$; (1.48b)

(C3) $\mathrm{gap}_{o,\,\mathrm{back}}(i) > l_{o,\,\mathrm{back}}$; (1.48c)

(C4) $\mathrm{rand}() < p_c$ (1.48d)

其中 $\mathrm{gap}(i)$ 和 $\mathrm{gap}_o(i)$ 分别代表本车道和目标车道上第 i 辆车与相邻前车的间距,对于目标车道而言,该距离是假想第 i 辆车占据了与当前位置平行的格子后确定的. $\mathrm{gap}_{o,\,\mathrm{back}}(i)$ 是第 i 辆车与目标车道上相邻后车的间距. l, l_o, $l_{o,\,\mathrm{back}}$ 和 p_c 是确定规则所需的参数,$\mathrm{rand}()$ 为 $[0,1]$ 之间的随机数.

(C1)规则代表了换道动机,也就是说,如果与前车的间距不够大,车辆就有变换车道的主观愿望. 一般取 $l = \min(v+1, v_{\max})$. (C2)规则是为了检验目标车道上的行驶条件是否更为宽松,一般选取 $l_o = l$. (C3)规则可以避免目标车道上后车的行驶状态受到车辆换道的影响,取 $l_{o,\,\mathrm{back}} = v_{\max}$. (C4)规则使车道变换随机化,可以在一定程度上避免车辆在相邻时间步里来回地变换车道. 固然,对单车道模型引入基本的换车道规则就可以得到比较合乎实际的结果,但为了更加符合现实交通,人们纷纷对基本规则进行改进.

在多车道交通中,研究包含不同车种的交通系统非常有趣. Chowdhury 等人[101]率先利用元胞自动机模型对此进行研究,他们模拟了一个周期性边界的双车道系统,系统中包含具有不同 $v_{\max}$ 的快车和慢车,结果表明:即使仅有很少量的慢车,并且在小密度情况下,快车也会以慢车畅行速度的平均速度行驶. Wagner 等人[102]发现:当规定超车行为必须在超车道完成而且车流量又较大时,超车道总是比慢车道更加拥堵,他们通过数值模拟重现了这种密度倒置现象. Nagel 等人[103]发现,合理选择车道变换规则和不同的车辆种类,可以模拟出在德国高速公路上观测到的"密度倒置"现象,研究结果显示了慢车在多车道系统中的重要影响,不同车道上速度相近的车辆会聚集排队,这与经验结果相符合. Knospe 等人[104]的模拟结果表明,上述模型过高地估计了慢车对交通的影响:在对称性换道规则下,即使很少量的慢车也能导致较低密度下的车辆排队现象,这与交通实际并不相符. 为了减弱慢车的影响,他们引入了预期效应,即驾驶员可以估计下一时间步车辆的速度.

另外,还有一些关于双车道交通的研究成果. Fouladvand[105] 提出了两种描述双车道交通的反应—扩散模型. 系统中包括快车和慢车,分别得到并求解了关于快慢车密度的平均场论方程,为了便于解析处理采用了随机串行更新规则. Belitsky[106] 基于 184 号模型,提出了可以模拟双车道交通的 TL184(Two-Lane 184)模型. 基于扩展的 Burgers 元胞自动机模型,Fukui M.[107] 提出一种新的双车道模型,并得到了每个车道的演化方程. Moussa[108] 对包含不同车种的双车道系统进行了数值模拟,采用的基本模型是 NS 模型和 WWH 模型,两种模型所得到的基本图和车道变换行为有很大差异,文中还讨论了随机慢化概率和慢车所占比例对双车道交通的影响.

车道变换模型结合单车道的 NS 模型,已经成功应用于美国城市智能交通项目 TRANSIMS[109] 以及德国杜依斯堡的内城交通[110],达拉斯/福斯—华斯地区的交通规划[111] 以及北莱茵—卫斯特伐利亚地区的交通公路网[112].

1.2.2.2.2 二维元胞自动机模型

城市道路不同于高速公路:纵横交错、四通八达,有大量的交叉路口,很难用上述的一维元胞自动机模型来模拟,所以必须引入二维模型来描述城市交通网的性态. 其中最具代表性的是 BML 模型.

1992 年,Biham,Middleton 和 Levine[113] 提出了适于描述城市交通的 BML 模型. 该模型用一个 $N \times N$ 的二维方形点阵来表示城市交通网络. 每一个格点具有三种状态:被一辆由南向北行驶的车辆占据;被一辆由西向东行驶的车辆占据;或者没有车辆. 在每一个奇数时间步,向东行驶的车辆可以前进一个格点;在每一个偶数时间步,向北行驶的车辆可以前进一个格点. 此规则相当于用信号灯来控制城市交叉路口的交通,给出了车辆不可重叠和在两个交叉方向同时流动的特征. BML 模型揭示:在周期性边界条件下,当模拟系统中车辆密度超过一个临界值时,系统就会发生从运动相到阻塞相的一阶相变.

许多理论工作者在 BML 模型的基础上做了大量的工作. Nagatani[114]研究了由交通事故造成的阻塞对二维系统相变的影响. 顾国庆等人[115]将二维均匀网格改造为非均匀网格,钟家雄等[116]研究了交通灯设置不当对系统的影响,冯苏苇、戴世强和顾国庆等人[117, 118]研究了交通灯对交通相变的影响以及交通灯的优化控制问题. Chowdhury 等人[119]将 NS 模型规则应用到 BML 模型的车辆更新过程中.薛郁等人[120, 121]首次提出了模拟城市立体交通网的简化的两层元胞自动机模型.

1.2.3 不同模型间的比较

上述的交通流宏观和微观模型都有其独特的优点,但也有一定的局限性:

(1) 流体力学模型

流体力学模型只需要求解描述车辆集体行为的少数几个变量构成的偏微分方程,其模拟时间与车辆数目基本无关,因此,计算耗时相对较少. 如 Berg 等人[122]在估算一条道路的行波解时,采用跟驰模型耗费计算机时为 4 小时,而采用宏观模型只需 5 秒. 所以说,采用流体力学模型处理由大量车辆组成的车流问题较微观模型要经济得多. 而且流体力学模型还有如下几个优点: ① 与实测数据吻合较好; ② 适于进行解析分析; ③ 处理匝道的出入流较为简便. 但是目前,多数能处理非平衡流的高阶模型,准确确定其中的一些模型参数比较困难,这将直接影响到模拟结果的可靠程度.

(2) 气体动力论模型

其宏观模型方程组由 Boltzmann 方程积分而来,具有严格的理论基础.但该类模型包含大量的未知参数和未知的关系式,这些都要借助于交通实测来确定. 此外,模型中相对较多的独立变量—即时间、位置、速度和期望速度)需要四维的网格进行数值求解,增大了计算难度.

（3）跟驰模型

跟驰模型中,每辆车有自己的运动方程,模拟时间与车辆数目成正比.分析为数不多车辆的交通行为,比如稳定特性和相变特性等比较精细.但处理车辆数目较大的交通,用跟驰模型不够经济.

（4）元胞自动机模型

元胞自动机模型比较简单,模拟效率优于跟驰模型,而且能够进行并行计算.数值模拟可以得到很多复杂的非线性交通现象,容易揭示交通现象的物理本质,但是建立真正切合实际的元胞自动机模型通常比较困难.与流体力学模型和跟驰模型相比,对其进行理论分析通常也非常困难.

如前所述,不同的交通流模型有各自的优点和不足之处.研究者们从工程学、数学、运筹学和物理学等角度提出了一百多种交通流模型,但迄今为止没有一种模型可以完整地模拟出实际交通的各种复杂现象.对此,Helbing[1]提出了评判优秀交通流模型的判据:① 模型只包含几个有明确物理意义的变量和参数,它们易于测量且相应的值与实际相符;② 模型至少能定性地再现交通流的所有已知特征;③ 模型在理论上应该自洽,而且能做出新的预测,允许人们去验证或否定;④ 模型不存在不合理的推论(如车辆相撞或倒退、车辆密度过大等);⑤ 模型可以进行快速的数值模拟.诚然,能够满足上述所有判据的模型是完美的,但毕竟任重道远.我们在面对纷繁复杂的各类实际交通问题时,可以根据具体情况选用适合的模型进行分析和研究.

1.3 主要工作

针对上海市高架道路系统目前存在的问题,本文从交通的实际观测出发,利用合理的交通流模型对高架路、匝道和地面道路三者之间的相互作用进行了模拟研究.分析结果一方面可以揭示高架道路系统中复杂的交通现象和特征,更重要的是可以为交通规划与设计、交通管理与控制提供理论参考和依据. 全文的工作包括五部分. 第二章结合交通实测的结果,我们给出了高架道路交通流的速度—密度关系式;在第三章中,我们对高架路匝道附近的地面交叉口的交通流进行了分析;在第四、五两章中,我们探讨了高架路上匝道与主干线合流处实施定时信号调节和交替通行规则前后的效果;第六章考察了上下匝道相距较近时高架路交织区的交通流状况. 最后,在第七章中,我们给出结论和展望. 各部分的基本内容如下:

在第二章中,我们首先总结了交通实测的不同方法,并对开展高架道路交通实测所采用的方案、测量手段和具体内容做了详细的介绍. 从实测获取的影像资料来看,城市高架道路的交通流在不同路段和时段会呈现出不同的交通相特征. 经过大量观测,我们掌握了高架道路系统几个典型的运行特征,为后面各章内容的研究和分析提供了选题方向. 通过对实测得到的大量数据进行处理和分析,采用非线性拟合方法,得到了分别适用于稀疏交通流和拥挤交通流的两种速度—密度关系式,据此得出畅行速度与阻塞密度这两个重要参量的数值. 此外还绘制了高架道路上的基本图,从图上可以大致区分几种不同的交通相,为分析交通相变行为提供了依据.

在第三章中,针对高架道路部分下匝道及其附近交叉口严重拥堵的交通状况,我们设计了实测方案并进行观测,确认了右转车辆对主干道交通的"挤压"效应. 考虑到交叉口处相交右转车流的影响,并且计及车辆起动后向平衡状态过渡和调节的弛豫过程,我们对吴正的一维管道交通流模型进行了修正,利用修正模型得到了与实测数据较为符合的数值模拟结果. 从计算结果来看,右转车辆对主干道的"挤压"效应随着右转车辆数目的增多而加剧,是导致某些交叉口出流不畅的重要原因.

第四章指出,上匝道处采用红绿灯信号进行定时调节是解决目前高架道路交通拥挤问题一种行之有效的方法. 从各向异性的流体动力学模型出发,在运动方程中引入匝道交通影响项,利用实测数据拟合得到的速度—密度关系式,对上匝道附近的高架路段进行了数值模拟. 模拟结果表明：与上匝道无任何控制措施时相比，对其实行定时调节，可以优化高架道路上的交通流参数，达到改善高架道路交通的目的；对我们设计的六种信号配时方案分析后发现，R30W30（即红绿灯信号时间均为 30 秒）是最合理的优选方案. 实施该方案后，高架道路系统以及与之相连的地面道路的总体运行效果最佳.

在第五章中，我们针对在高架路上匝道合流处率先实施的交替通行规则进行研究. 为了对比分析实施交替通行规则前后的交通流状况，我们利用 FI 元胞自动机模型对上匝道交汇处进行了数值模拟，结果表明，当高架路主干线和上匝道的来流车辆较多时，实施交替通行规则可以大大改善高架道路交通；但是当交通比较通畅时，实施交替通行规则前后交通状况基本没有变化. 由模拟得到的入流流量来看，当车流处于较为畅通或者比较拥堵的状态下，主干线和上匝道的两股车流容易实现 $1:1$ 的交替通行；而当车辆中速行驶时，更容易实现两股车流 $2:1$ 交替行驶的局面. 实施交替通行规则既保障了高架道路高速有序的交通，同时消除了可能的安全隐患，是一种两全其美之策.

在第六章中，我们将研究对象转移到高架道路上的交织区. 同一运行方向的上下匝道两股车流合流后又分流，形成了交织区，其交通流状况非常复杂. 我们以 NS 元胞自动机模型为基础，引入合理的变换车道条件，对高架路主线为单车道时的交织区路段进行了数值模拟和分析. 模拟结果表明，交通流稀疏时，车流的交织行为对系统的交通流影响不大，即使交织区长度增大，整个系统的交通流参数也变化不大；当交通流拥挤时，交织行为会对系统产生不良影响，此时加大交织区长度，整个系统的交通流状况会得到很大改善. 交织区长度并非越大越好，如果工程设计中选用一个比较适宜的中间值，整个系统就可以获得很好的运行效果.

第二章　高架道路的交通实测和 速度-密度关系分析

交通流的研究应遵循如下的应用数学过程[6]：

实验观测 ⇒ 数学建模 ⇒ 求解 ⇒ 结果比照和验证

作为第一步，首先需要进行大量的交通调查，对所研究的城市道路的交通特性和运行特征有充分的了解. 基于这种认识，我们对上海市内环线高架道路的局部路段开展了一系列的实际观测，通过细致有序的调查，掌握了城市高架道路交通流的流动特征，观察到三种不同的交通相在高架道路上交替出现，为进一步科学合理的数学建模积累了较为丰富的资料和信息.

本章描述交通实测的方法和实际交通调查的进程和结果，并总结高架道路交通的运行特征. 我们基于交通实测获取的大量数据，采用非线性拟合方法得到了高架道路交通流的速度—密度关系式及其宏观特征参数，为建模、模拟和分析提供了理论依据.

2.1　交通实测的方法

交通流理论主要关注如下交通流参数：车流的流量、速度、密集度、车头时距、车头间距等，其中密集度包含密度（指空间密集度）和占有率（occupancy，即时间密集度）这两个有内在联系的不同概念. 如何采用合理的测量方法来获取这些参数，对于交通流特性研究具有重要意义. 交通测量手段多种多样，在过去的 60 年间发生了突飞猛进的变化，尤其是近 40 年来高速公路的大规模建设促进了交通观测手段快速发展. 概括起来，交通实测主要有如下几种方法：

（1）定点调查法

定点调查包括人工和机械两种调查方式. 人工调查指的是, 选定某一观测点, 测量人员用秒表记录经过该点的车辆数目. 这种方式简单灵活, 数据整理方便, 但存在耗费人力、工作环境差等缺点. 机械调查方式种类繁多, 譬如电感线圈、超声波或者微波仪、光电管以及雷达设备等, 近年来利用摄像机进行交通数据采集屡见不鲜, 而且数据处理也由手工逐渐转为自动完成. 机械调查可以节省人力, 精度较高, 但是投资大, 使用率较低, 对调查项目的适应性较差.

（2）短距离调查法

这种调查方法使用成对的检测器（相隔 5～6 米）, 比如感应线圈或者微波束装置, 当车辆经过检测器时发出信号, 记录仪记下车辆通过时的具体时刻, 这样就可以获得速度、流量和车头时距等数据. 通过这种调查方式还可以获得占有率（指车辆占据检测器的时间与总观测时间之比）, 由于占有率与检测器的结构和性质以及检测区域的大小有关, 对于均匀交通情形, 不同位置测得的占有率数值可能各不相同.

（3）沿局部路段调查法

沿局部路段调查法主要指摄影调查, 一般针对 500 米以上的路段进行. 调查时可以采用航拍, 也可将摄像机架设在高层建筑物或者立柱上. 单帧画面没有时间概念, 所以只能得到密度而无法测得流量和速度；但通过固定时间间隔的连续图像可以获得速度数据. 采用摄像机搜集的资料可以长期反复使用, 效果直观, 但花费较大, 数据整理比较复杂.

（4）浮动车调查法

浮动车调查有两种方法：一种是利用测试车记录车流速度和行驶时间, 可以由人工完成或者借助于速度计. 这种方式不需要精密仪器就能得到公路上车流运行的大量信息, 但是无法获取准确的平均速度. 另外一种方法由英国道路研究试验所的学者提出[123], 它基于测试车在道路上往返行驶来同时获得流量和速度. 这种方式适用于不拥挤且无自动检测装置的城郊高速公路. Wright[124]曾撰文指出这种方法的不足之处：驾驶员需要事先固定行驶时间,沿测量路段允许停车但必须保证总耗时与预定时间一致,而且出入流的转弯车辆会影响计算结果,所以其行驶路线应避免主要的出口或入口.

(5) ITS 区域调查法

智能运输系统(ITS)区域调查法主要利用诱导车辆与中心系统间的通信技术,可以提供车辆的速度信息. 此方法有如下几种测量方式：一是测量某固定点的瞬时速度,其结果可以与利用成对的线圈检测器得到的数据相媲美,但其维护费用却相对低廉. 二是反馈车辆的识别信号,系统根据接收到的相邻信号计算行驶时间,而该参数对于ITS 路径诱导来说极为重要. 第三种方式由信号发射装置向车辆发送信号,车辆接收到信号后进行登记,再向中心系统反馈车辆的位置和速度信息,这种真正宽带区域信息的传送需要准确定位,全球定位系统(GPS)可以协助圆满完成,但花费则相当可观. ITS 区域调查法可以提供速度信息,却无法确定车辆所在路段的流量和密度. 当然如果配置合适的传感器,诱导车可以通过记录车头时距和车头间距这两个参数来求得流量和密度.

2.2 高架道路交通行为的实测和分析

为了掌握高架道路的交通特性并对其开展进一步的研究,我们首先对高架道路系统的局部路段进行实际观测,目的是从交通现象入手,通过实地调查,把握高架道路交通流的运行规律和特征.

2.2.1 交通实测的主要内容

如第一章所述,上海市高架道路已经构成"申"字形快速高架路网,在城市的交通出行中发挥着不容忽视的作用. 内环线是上海市第一条高架道路,双向四车道,于1994年9月建成通车. 由于建设时缺乏经验,投入运行后凸显很多问题,交通供求矛盾日益突出.

内环线西北侧路段与武宁路、沪太路等主干道相交,交通状况不甚乐观,情况比较典型. 我们选取内侧流向的交通流,对金沙江路匝道与沪太路匝道之间路段的早晚高峰车流开展了交通实测,测点布置如图 2.1 所示. 实测路段全长约为 5 km,包含四个匝道(两个上匝道,两个下匝道). 整个路段设置三个测量单元(见图 2.1),分别对应着金沙江路、武宁路和沪太路交叉口,每个测量单元包括起点和终点两个测点,测点之间的距离约为 100 m. 另外,在四个匝道上也设置了同样的测点,目的是为了获取与高架路同步的实测数据. 这里我们采用上述的定点调查法,由于本人所在课题组成员和上海大学力学系 2001 级综合班同学的积极参与,实测人力有了充分保证. 各个观测点所得到的参数均为早晚高峰时段前后(即 7:30~9:00 am 和 5:00~6:30 pm)的数值,因为高峰时段能够观察和捕捉到更多、更复杂的交通现象,能够反映出城市交通最突出的矛盾和症结,所以选取这两个时间段进行调查. 计时的时间间隔为 10 秒钟.

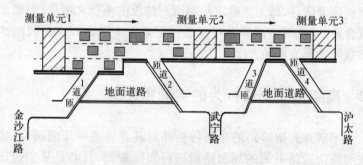

图 2.1 交通实测路段示意图

采用人工计数流量数据的同时,我们还在邻近的高层建筑物放置摄像机对测量区段进行现场拍摄,这样可以更全面地了解高架道路上交通流的宏观特征并对人工调查的结果进行验证. 摄像机可以监测到观测区周围更广阔空间的交通实时状况,反映客观真实,可以获得更加丰富的信息. 图 2.2 是用摄像机拍摄到的高架路三个测量单元处的交通流情况.

(a) 金沙江路附近

(b) 武宁路附近

(c) 沪太路附近

图2.2 实际拍摄到的三个测量单元处的交通流情况

2.2.2 交通相描述及高架道路的运行特征

2.2.2.1 交通相描述

作为一种有效手段,交通实测可以获取道路交通流及其有关现象的数据,在交通流的建模仿真中起着举足轻重的作用. 基本图是交通流中一种非常重要的数据表现形式,它描述交通流量与密度之间的关系. 基本图阐明这样一个观测事实:道路上的车辆越多,对应的行驶速度就应该越小. 图 2.3 为理论上和实际观测到的基本图[125]. 由图可见,在低密度时,车辆流量与密度之间存在线性关系,直线斜率对应于平均畅行速度. 随着密度增加,速度单调下降,到达某个阻塞密度值时速度与流量均为零. 而流量在中间密度范围内存在一个最大值. 实测得到的基本图曲线是不连续的,呈反"λ"形,两个分支分别描述低密度时的畅行交通和高密度下的拥塞交通.

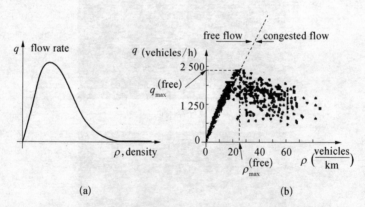

图 2.3 (a) 理论上的基本图 (b) 实际观测到的基本图

目前,人们对实际交通现象进行大量观测,发现交通流存在着三种不同的交通相:畅行相(free traffic flow,或称自由流相);同步流相(synchronized traffic flow);宽幅运动阻塞相(wide moving traffic jams)[126~128]. 在德国高速公路上实测得到的三种交通相如图 2.4 所示[125]. 交通观测过程中我们发现,城市高架道路的交通流在不同路

段和时段会呈现出不同的交通相特征,分述如下

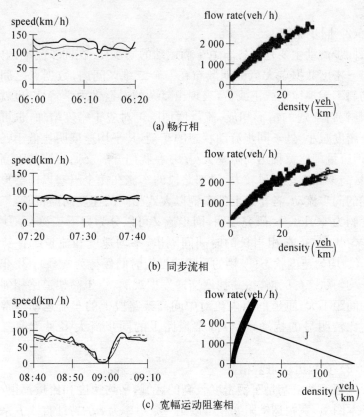

(a) 畅行相

(b) 同步流相

(c) 宽幅运动阻塞相

图 2.4   三种不同的交通相

(1) 畅行相

在畅行相,运动车辆之间几乎不存在相互作用,每辆车都以其期望速度行驶.在基本图上,畅行交通区任何两个相继的数据点之间的连线斜率总是正的.实测发现,早高峰时段的初期(7:30~8:00am)三个测量单元处的交通状况较好,极少出现交通堵塞的场面,尤其是沪太路测量单元高架路上的交通流时常呈现出畅行相的特征,车辆自由行驶,使高架道路发挥了快速高效的功能.但高架路的畅行速度比

高速公路上的数值低，大致为 80 km/h，这与市政管理规定的限速
有关.

（2）同步流相

同步流动主要是指各车道车辆运动的同步化. 在同步流动区内，
流量—密度数据点大范围地散布在一个二维区间内，数据点之间连
线的斜率无规律地或正或负，表现出复杂的时空动力学特性. 也就是
说，与畅行交通的情形相反，流量增加既可对应于密度增加，也可对
应于密度减小. 处于同步流动状态的车辆，其平均速度明显低于畅行
相，但流量却比宽幅运动阻塞大得多. 在我们开展交通实测的晚高峰
时段，高架路上车流量较大，局部路段的车流在完全阻塞以前会形成
上述的同步流动，各车道上的车辆以大致相同的速度向前行驶，平均
速度约为 40 km/h. 研究表明，同步流又可以分为如下三类[1]：① 稳
恒均匀状态（指在相当长的时间间隔里，平均速度和流量都保持不
变）；② 均匀速度状态（车辆的平均速度短时间保持为常数）；③ 非稳
恒非均匀状态（又称作振荡拥塞交通）. 据观测，由于高架道路相邻匝
道的间距不大，匝道的出入流对中间高架路段上的车流运动经常会
产生比较明显的扰动，所以高架道路上的同步流大多属于第三类
情况.

（3）宽幅运动阻塞相

宽幅运动阻塞是车辆密度较高的区域，平均速度和流量都很小.
在基本图上，宽幅运动阻塞相可以用一条斜率为 c 的特征直线 J 来表
示. 直线的斜率表示下游阵面的传播速度（负号表示向上游传播），其
值近似为常数. 在各个国家，该传播速度有取值在 $c = 15 \pm 5$ km/h 范
围内的典型值，依赖于公认的安全车头时距和平均的车身长度，所
以，完全发展的交通阻塞可以在很长的时段和路段上平行移动. 交通
实测过程中发现，局部路段由于存在交通瓶颈（如上下匝道设置不
当、车道数减少等）或者适逢气候条件较差时，交通高峰时段经常出
现阻塞，阻塞阵面以一定速度向上游传播，有时会造成长达数公里的
排队，交通状况严重恶化. 由于高架道路上的交通管制非常严格，很

难直接测得阻塞阵面的传播速度. 复旦大学吴正将地面交通中行车条件与高架道路比较接近的周家嘴路段作为研究对象, 对其交叉口车流的起动波速和阻塞波速分别进行了实测和统计分析, 得到了两个波速的统计结果: 起动波速约为 $6.08 \sim 6.97$ m/s[129]; 阻塞波速的计算式[47]为 $N = 5.326\ 4q^{1.132\ 7}$, 其中 N 表示激波向上游传播的速度, q 表示车道上的来流流量.

研究发现, 初始的畅行流中, 既可能发生到同步流的相变, 也可能发生到宽幅运动阻塞的相变, 两种相变都是一级相变. 实际上更为常见的从畅行流到阻塞的转变往往是先发生畅行流到同步流的相变, 然后通过同步流中的箍缩效应, 自发生成一些小而窄的密度簇, 它们在往更上游移动时渐渐增长, 通过窄幅阻塞的合并, 宽幅运动阻塞终于形成. 畅行交通的崩溃有可能溯源到"高密度车辆队伍前的一次更换车道", 这说明阻塞的形成实际上总有某种原因, 而其根源可能是一个非常小的扰动. 然而, 扰动并不总是导致交通阻塞, 即使在可以比拟的条件下, 有些扰动会逐渐增长(对应于不稳定交通流), 有些则逐渐消亡(对应于稳定交通流).

实际观测中我们发现, 畅行流状态下整个系统相对稳定, 小扰动对车流运行几乎没有影响. 但在交通高峰时段, 伴随车辆由上匝道的不断涌入, 只有两车道的内环线高架路逐渐"无力招架", 为了能够快速行驶, 驾驶员不得不频繁变换车道, 使得两个车道上的车辆运动开始同步化. 如前所述, 高架道路上的同步流通常是不稳定非均匀的. 在这种行驶状态下, 路段上的转弯或者驾驶员的不确定随机减速等因素, 很可能导致车流出现小范围的拥堵, 如果不能得到及时消散, 很容易形成上游车辆的排队, 宽幅运动阻塞产生.

2.2.2.2 高架道路的运行特征

通过对上海市内环线高架西北侧 5 km 路段开展为期两周的交通调查, 我们发现: 高架路与地面道路、高速公路交通完全不同, 它无法与高速公路上的车流疾驰相媲美, 也不像地面交通中道路纵横交错、红绿灯频繁更替, 体现出如下的特征:

（1）高架道路的局部路段存在着交通瓶颈（譬如车道数目减少、道路存在较大弯度以及上下匝道出入流受阻等），它们是高架道路上最敏感的"神经"，交通高峰时段可能会导致整个系统的瘫痪. 如何疏通和诱导这些瓶颈处的交通流，对其进行科学管理与适时引导，是目前缓解高架道路拥挤状况的根本举措，单纯依靠道路扩建等硬件手段绝非良策，改进交通控制和管理方式实为明智之举.

（2）高架路下匝道的交通是否通畅，主要取决于与之相交的地面道路的交通状况，而出口处的畅通与否又会直接影响到高架路车辆的通行. 此次实测的两个下匝道与地面道路交叉口相距很近，因此交叉口信号周期的配时、非机动车和行人的流动均会对出匝道的车辆造成很大影响. 如何改善下匝道附近交叉口交通流的组织和管理，应予以高度重视.

（3）早晚高峰时段，实测路段的交通呈现出不同特征：所测量的流向在早高峰时交通比较通畅，晚高峰时交通拥堵；而相反流向的交通则表现为早高峰时拥挤，晚高峰时情况好转，这与上海市市区的"居住空心化"密切相关. 分析发现，测量流向是来自徐家汇的车流，作为上海最重要的商业中心之一，徐家汇集中了大量写字楼与商厦，晚高峰时下班人群鱼贯而出，对高架路段产生了很大的交通压力. 这说明随着城市的快速发展，功能集中的生活聚居区和办公工作区正逐渐形成，块状分割越来越明确，城市居民的出行结构随之变化，交通管理部门应尽快熟悉和掌握这种周期性的出行规律，并对其进行科学的引导和分流.

（4）交通实测中还发现，由于早晨各单位的上班时间不尽相同，所以早高峰时各测量路段的交通状况尚好，较少出现交通严重拥堵的情况；而下班时的交通晚高峰情况非常糟糕，经常在局部路段发生阻塞，形成很长的排队行列，消散时间有时长达几十分钟之久. 所以实施"错时上下班"方案可作为一种积极探索，这样可以均衡交通流、降低高峰时段流量，充分利用有限的交通资源. 国外像美国纽约等大城市都有类似实践，国内如深圳、济南等中级城市已于今年初试行.

(5) 路况与气候条件对高架道路交通的影响: 内环线高架设计成环状, 必然在某些路段有弯道, 当弯曲的曲率半径较大时, 驾驶员通常会减速, 造成了整个车流的运行效率变差, 在车流量较大的时候可能会导致交通拥堵. 气候条件对交通的影响也不容忽视, 在高温或者多雨有雾的天气情况下, 城市交通会变得异常脆弱: 高温容易造成车辆抛锚, 雨天路滑、雾天视野不佳, 车辆都要减速. 交通是一个牵一发而动全身的系统, 据北京市的交通数字统计, 一辆车速度减慢20 km/h, 它后面的车道上就能形成长龙; 同水平线的几辆车慢上20 km/h, 四环路就会瘫痪. 可以形象地说: 任何化身为汽车的"蝴蝶"不适当地舞动一下翅膀, 都会在几公里之外引起一场"堵车风暴". 这类"蝴蝶效应"在北京和上海的市区内时有发生. 所以说交通管理部门需要加强对突发事件的应急处理能力, 避免恶劣的气候条件对城市交通造成直接影响.

2.3 高架道路交通流的速度–密度关系分析

车辆流量 q, 平均车速 u 和车流密度 ρ 是交通流的三个基本参数, 三者之间的相互关系可以用 $q = \rho u$ 来描述 (参看文献[130]). 若要用流体动力学模型或跟车模型来刻画和描述交通流现象, 选取适当的速度–密度关系式显得异常重要; 在其它交通流模型中, 正确的速度–密度关系式也是必不可少的. 建立速度–密度关系式有两种方法: 一种是较为传统的数学方法, 首先假定一个包含几个参数的解析表达式, 参数的取值和阐释依赖于与实测数据的拟合和分析; 另一种可称为唯象方法, 它基于与交通变量有关的驾驶员行为的假设, 源于跟车模型的速度–密度关系式当属此类. 我们对高架道路交通实测得到的大量数据进行了分析, 得到了描述高架路宏观交通流的各个参数, 并利用非线性拟合方法建立了适用于城市高架道路的速度–密度关系式.

2.3.1 速度-密度关系式概览

速度 u 与密度 ρ 之间的关系式引起了许多学者的关注与兴趣,上世纪中叶以来,相继出现了不少这方面的研究成果,举其要者有

(1) Greenshields(1935)[131] 得到的线性模型

$$u = uf\left(1 - \frac{\rho}{\rho_j}\right) \qquad (2.1)$$

式中 u_f 为畅行速度,ρ_j 为阻塞密度.

(2) Greenberg(1959)[132] 提出的对数模型

$$u = u_m \ln\left(\frac{\rho_j}{\rho}\right) \qquad (2.2)$$

式中 u_m 为最大流量时的速度值.

(3) Underwood(1961)[133] 提出的指数模型

$$u = u_f \exp\left(-\frac{\rho}{\rho_m}\right) \qquad (2.3)$$

式中 ρ_m 为最大流量时的密度值.

(4) Drake 等人(1967)[134] 提出的正态分布模型

$$u = u_f \exp\left[-\frac{1}{2}\left(\frac{\rho}{\rho_j}\right)^2\right] \qquad (2.4)$$

(5) Pipes(1967)[135] 基于跟驰模型提出的幂次模型

$$u = u_f\left(1 - \frac{\rho}{\rho_j}\right)^n \qquad (2.5)$$

(6) Payne(1979)[16] 在其编制的 FREFLO 程序中采用如下的速度-密度关系

$$u_e = \min\left\{88.5,\ 88.5\left[1.94 - 6\left(\frac{\rho}{143}\right) + 8\left(\frac{\rho}{143}\right)^2 - 3.93\left(\frac{\rho}{143}\right)^3\right]\right\}$$
$$(2.6)$$

(7) del Castillo(1995)[136]认为速度-密度关系式与交通流的三个基本参数有关,即阻塞密度 ρ_j,畅行速度 u_f,阻塞密度下的运动波速 $c_j = q'(\rho_j)$,由此得到如下函数形式的速度-密度关系

$$u = u_f\left\{1 - \exp\left[1 - \exp\left(\frac{|c_j|}{u_f}\left(\frac{\rho_j}{\rho} - 1\right)\right)\right]\right\} \qquad (2.7)$$

上述速度-密度关系式所对应的关系曲线如图 2.5 所示. 图 2.5(a)表示了 Greenshields、Greenberg、Underwood 以及 del Castillo 提出的速度-密度关系模型;图 2.5(b)对应着 Pipes 模型 n 取值不同时的情况.

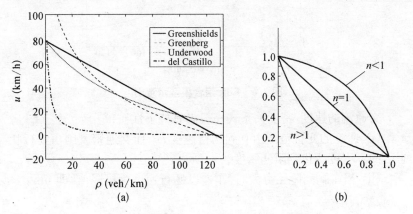

图 2.5 各种不同的速度-密度关系示意图

Greenshields 模型形式简单,一直为交通工程界广泛采用. 但它存在着如下问题:首先,该模型建立时所依据的交通调查是在节假日(1934 年劳动节)进行的,不具备广泛的代表性;其次,该模型在进行交通观测时,每 100 辆车作为一组,隔 10 辆车就开始新一组的记录,所以相邻两组有 90% 是重叠的,这显然不太合理. 有鉴于此,通过速度-密度的线性关系与直接利用实际数据得出的速度-密度关系存在一定的偏

差. Greenberg 的对数模型与拥挤交通流的数据很符合,适用于较高密度的交通状况,但是当交通流密度较小时,这一模型不适用. Underwood 的指数模型适用于较低密度的交通条件. Edie[137] 提出了一个将对数模型和指数模型组合在一起的模型,其中指数模型取较小密度对应的部分,对数模型取较高密度对应的部分. 模型曲线如图 2.6 所示.

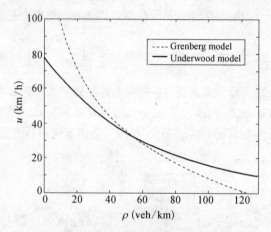

图 2.6　Edie 组合模型示意图

交通流的速度-密度关系式一般具有如下性质:

(i) 速度的变化范围由 0 到畅行速度 u_f,而交通密度则由畅行状态下的零密度变化到阻塞密度 ρ_j;

(ii) 当车辆间距无穷大时,车速以畅行速度为极限值,即 $\lim\limits_{\rho \to 0} u = u_f$ 或者 $u(0) = u_f$;

(iii) 车辆处于阻塞密度时速度为 0,即 $u(\rho_j) = 0$;

(iv) 车速随着密度增大而减小,即 $u'(\rho) < 0 (0 < \rho \leqslant \rho_j)$.

2.3.2　高架道路交通流的速度-密度关系式

如上所述,不同学者采用不同的研究方法提出了各式各样的速度-密度关系式. 为了得到适用于城市高架道路的速度-密度关系式,我们分别采用人工定点测量与摄像机拍摄的方法对上海市内环线内侧的部分路段进行了交通调查.

交通实测得到了三个测量单元处早晚高峰时的 10 秒钟车流量数据,汇总后可以获得测点处的 1 分钟流量. 为了得到对应路段上交通流的三个宏观参数 q、ρ 和 u,本文采用如下方法:如图 2.7 所示,在每一个测量单元设置两个测点 1 和 2,假设实测量是每分钟通过测点处的车辆数 N_1 和 N_2,由连续性方程

$$\frac{\partial \rho}{\partial t}+\frac{\partial q}{\partial x}=0 \qquad (2.8)$$

即

$$\frac{\partial \rho}{\partial t}=-\frac{\partial q}{\partial x} \qquad (2.9)$$

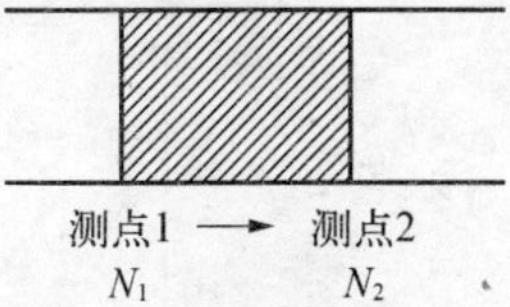

图 2.7　测量单元示意图

或其离散化形式

$$\frac{\rho_{12}-\rho_{12}^0}{\Delta t}=-\frac{q_2-q_1}{\Delta x} \qquad (2.10)$$

整理后,得

$$\rho_{12}=\rho_{12}^0+\frac{\Delta t}{\Delta x}(q_1-q_2)=\rho_{12}^0+\frac{N_1-N_2}{\Delta x} \qquad (2.11)$$

其中 ρ_{12}^0 为实测开始时测量单元上的车辆密度,可以由实测得到. 照此递推下去,有

$$\rho_{12}^{n+1}=\rho_{12}^n+\frac{N_1^{n+1}-N_2^{n+1}}{\Delta x} \qquad (2.12)$$

所以,可以得到测量单元上的流量和速度分别为

$$q_{12}=\frac{q_1+q_2}{2}=\frac{N_1+N_2}{2\Delta x}; \quad u_{12}=q_{12}/\rho_{12} \qquad (2.13)$$

利用上述方法,我们得到了三个测量单元处交通流的流量、平均车速与车流密度这三个宏观量. 图 2.8 即为三个测量单元上得到的速度-密度实测数据分布图. 由图示的数据点分布可以看出,各个测量段

上的车速都随着密度的增大而相应减小. 图 2.8(a) 所示的金沙江路段数据点排列紧密,而(b)与(c)所示的武宁路段和沪太路段同一个密度值对应着较宽的速度区间. 这与道路路况密切相关:武宁路段和沪太路段均为单向两车道,车辆在行驶过程中容易相互干扰,车速呈现出不均匀分布;而金沙江路段为单向三车道,车流在路段上分布更加均匀,车辆的行驶条件较好,故而速度分布更加稳定.

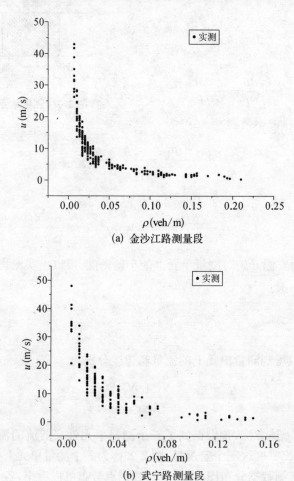

(a) 金沙江路测量段

(b) 武宁路测量段

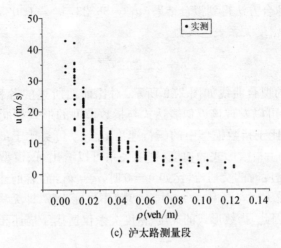

(c) 沪太路测量段

图 2.8 三个测量单元上的速度密度实测数据分布图

另外,实际测量得到的交通状态参数与很多因素有关,比如车型、驾驶员、道路交通条件、路况等因素的变化都会影响到实测的交通参量的数值.

将三个测量单元上的速度和密度数据汇总后,可以得到总体的速度-密度实测数据分布.但若要对高架道路的交通流进行定量分析,常常需要确定速度—密度关系的表达式.根据统计分析理论和交通流问题的实际特征,可以用一个函数 $u = f(\rho, a_1, a_2, \cdots, a_m)$ 作为近似表达式,其中 $a_1, a_2, \cdots, a_m$ 为待定常数.为了使这个函数所确定的关系能接近已知的实测数据,要求选取合适的参数 $a_1, a_2, \cdots, a_m$ 使得 $\sum\limits_{i=1}^{N} [f(\rho^{(i)}, a_1, a_2, \cdots, a_m) - u^{(i)}]^2$ 取极小值,即成为典型的最小二乘拟合问题,其数学模型可表示为

$$\min \sum_{i=1}^{N} [f(\rho^{(i)}, a_1, a_2, \cdots, a_m) - u^{(i)}]^2 \qquad (2.14)$$

首先选取速度-密度关系的近似表达式为:$u = a_1 e^{-\frac{\rho}{a_2}}$,利用上述

最小二乘拟合方法得到拟合结果：$a_1 = 36.23$，$a_2 = 0.025$；因此，所得的速度-密度关系表达式为

$$u = 36.23\mathrm{e}^{-\frac{\rho}{0.025}} \tag{2.15}$$

对应的拟合曲线如图 2.9 所示. 对比前面所述的各种速度-密度关系式，可以发现该近似表达式与指数模型的形式相同，所以，参数 a_1 可类比于指数模型中的畅行速度 u_f，a_2 可类比于最大流量时的密度 ρ_{m}. 由指数形式的速度-密度关系可以看出，该模型可以准确地描述低密度时的交通流，比如 $\rho = 0$ 时，$u = u_f$，符合前述性质(ii)；但当密度较大时，比如 $\rho = \rho_j$ 时，速度值不可能为零，即无法满足前述性质(iii). 因此，指数形式的速度-密度关系仅适用于描述相对稀疏的交通流.

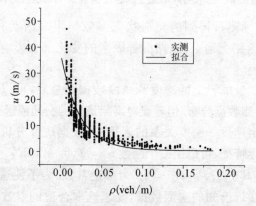

图 2.9　指数形式的速度—密度关系对应的拟合曲线

考虑到交通较为拥挤的情形，比如在 $\rho = \rho_j$ 附近，假设驾驶员需要经过一段时间 δ 之后才能对前方的变化做出反应，那么为了安全起见，前后相邻汽车间的间距应该保持为 $u\delta$. 若 h 是车头间距，L 是典型的车辆长度，而且 $h = \dfrac{1}{\rho}$，$L = \dfrac{1}{\rho_j}$，则可以由此导出

$$u = \frac{\rho_j L}{\delta \rho}\left(1 - \frac{\rho}{\rho_j}\right) \qquad (2.16)$$

若车辆长度 $L = 5\,\text{m}$,反应时间 $\delta = 3\,\text{s}$,我们选取速度-密度关系的近似表达式为

$$u = \frac{a_1}{\rho} - \frac{L}{\delta} = \frac{a_1}{\rho} - 1.7 \qquad (2.17)$$

利用非线性最小二乘拟合方法,我们得到的拟合结果为:$a_1 = 0.285$. 由此得到速度-密度关系的近似表达式为

$$u = \frac{0.285}{\rho} - 1.7 \qquad (2.18)$$

拟合曲线如图 2.10 所示.结合上面的推导,可以得到 $a_1 \sim \frac{\rho_j L}{\delta}$,据此可以得出阻塞密度 $\rho_j = 0.168$. 由该表达式可以看出,该模型无法准确描述交通密度较小时的情形,如 $\rho = 0$ 时它无法满足前述性质(ii);但对于高密度情形,它满足前述性质(iii).因此,该速度-密度关系式适用于描述较拥挤的交通流情形.

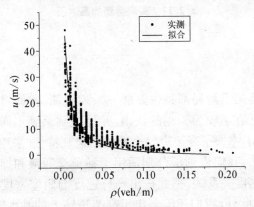

图 2.10　速度-密度关系表达式(2.18)对应的拟合曲线

此外,我们还得到了描述交通流量与交通密度之间关系的基本图,其样式如图 2.11 所示. 由该图可以看出,高架道路交通流存在着三种不同的交通相:畅行相、同步流相和阻塞相. 基本图反映出来的最大流量值约为 0.5 veh/s,合 1 800 veh/h. 但是由于采用了相对粗糙的数据处理方式,而且采集的样本量数目偏少,所得到的基本图数据点不太集中,散布范围相对较大,各交通相之间的界限并不十分明确.

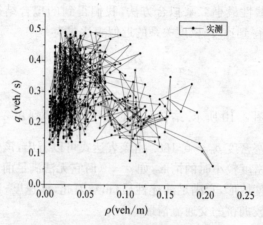

图 2.11　实测得到的基本图

2.4　小结

通过对高架道路局部路段开展一系列实测,我们对城市高架道路的运行特征有了较为深刻的认识,并捕捉到刻画不同交通流状态的三种交通相,掌握了高架道路交通流的宏观特征. 采用非线性最小二乘拟合方法,我们得到了分别适用于稀疏交通流和拥挤交通流的两种速度—密度关系式,据此得出畅行速度与阻塞密度这两个重要参量的数值. 此外,我们还绘制出了高架道路上的基本图,从图上可以大致区分几种不同的交通相,为分析交通相变行为提供了依据.

由于交通实测集中在两周内连续进行,观测时间和地点都相对集中,这样得到的数据样本性质比较单一,无法包含季节、天气和地段等众多因素的影响.同时,采用人工调查不可避免地引入测量误差(比如观测者疲劳或者经验不足等),会造成数据的失真.尽管在数据处理时我们已经舍弃了极端的不合理数据,但由于样本量并不太充分,拟合得到的速度—密度关系式的有效性还有待于进一步检验.

第三章　高架路匝道附近的地面交叉口交通流分析

　　如前所述,目前解决大中城市"交通难"的对策之一是将交通系统向空间、地下发展,构成准三维网络.近二三十年,我国许多城市建设了地铁和高架路系统.由于缺乏必要的交通科学预研,这些新的立体交通系统存在着种种弊病和问题(参看第一章及文献[1, 6, 7]中的评述).本论文着重于分析高架道路系统中的若干问题,其中,特别把注意力集中于高架路匝道附近的交通,因为在实际观测中发现(见第二章),这里时常成为高架路的交通瓶颈.本章主要研究高架路的下匝道交通与地面交通的相互作用.为了把握问题症结,我们解剖一个"麻雀"——上海市内环线高架的武宁路匝道,该处的交通颇有代表性.

　　如第一章中所述,上海市耗资数百亿元建成了"申"字形高架道路系统,最近又在修建中环线及改造已建成的高架路.这些工程大大缓解了交通困难[8, 138],但由于高架路的上下匝道设计不当,往往带来新的交通拥塞问题[139].图 3.1 为 2002 年 4 月于上海市内环线高架中山北路—武宁路下匝道处高峰时段拍摄到的交通情况.中山北路(十车道)和武宁路(八车道)是上海北部地区的交通干道,交通流量相当大,从图中可以看出,内环线武宁路下匝道上的车辆排成"长龙",拥挤程度可见一斑.同时还可看到,其相交道路(武宁路)上的右转弯车辆较多,连绵不断.

　　根据我们对多次实测数据的分析,在交通干道的交叉口,由于车辆右转一般不受交通信号灯的限制,一辆右转小轿车造成主干道车流在冲突点滞留时间平均为 2～4 秒钟,而右转大型客车造成的耗时则更长.图 3.2 所示的一组图形为实际拍摄到的右转车辆阻碍主干道

图 3.1 上海市内环线中山北路—武宁路下匝道处交通情况
下匝道车辆排队,交通处于严重拥堵状态;相交道路上右转车辆连绵不断

车流通行的情况. 图 3.2 中(a)(b)(c)三幅照片摄于交通高峰时段,拍摄的时间间隔为 5 秒钟,圆圈中为同一辆红色轿车. 图 3.2(a)中主干道车辆相继通过交叉口,轿车开始右转弯;图 3.2(b)中轿车挤入主干道车队,导致后面车辆停止行驶;图 3.2(c)中轿车汇入了主干道车流,后面的车辆继续通行. 由此看来,一辆右转轿车致使主干道上的部分车辆在交叉口停滞近 10 秒钟. 可以想象,如图 3.2(d)所示的大客车右转会对主干道直行车流造成多么严重的影响. 因此,分析右转车流对主干道的"挤压"干扰效应,并提出相应对策,对解决交叉口处的出流不畅问题具有非常重要的意义.

现将图 3.1 所示的下匝道及其附近交叉口的交通情况作为典型案例进行研究和分析. 首先针对该交叉口设计实测方案并进行观测,得到一系列的可靠数据;在所考察主干道的绿灯周期内,考虑到交叉口处相交右转车流的影响,并且计及车辆起动后向平衡状态过渡和调节的弛豫过程,对吴正提出的一维管道交通流模型进行了修正,利用修正模型得到了与实测数据较为符合的数值模拟结果,确认了右转车辆对主干道交通的"挤压"效应,并以此为基础,就匝道设置问题发表一些看法.

图 3.2　右转车辆阻碍主干道车流通行的实拍照片

3.1　修正的一维管流交通流模型

内环线高架的中山北路—武宁路交叉口可以参见图 3.3 给出的示意图. 我们首先在实测中细致分析中山北路—武宁路交叉口的交通流, 直观地确认了武宁路右转车辆对交叉口中山北路直行交通的"挤压"效应. 然后选取内环线高架内侧下匝道的直行车道作为重点考察车道, 交通实测主要围绕该车道展开, 其上布置三组测量单元, 分别对应于交叉口前、交叉口处和过交叉口以后的交通流, 每个测量单元包括两个测点, 采用第二章中描述的处理方法, 根据定点调查的数据获取宏观交通参数的数值. 由于我们关注的是中山北路的绿灯周期(90 秒)内,武宁路上的右转车辆对下匝道车流的影响,所以实测还包括另外一项内容:测量武宁路右转车流的交通流量.

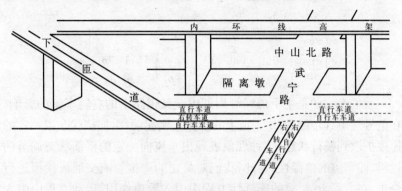

图 3.3 内环线高架中山北路—武宁路交叉口示意图

如前所述,交通流的建模必须针对具体的交通过程,因地制宜地采用合理的数学模型来描述和分析,才可获得满意的结果. 我们首先将所考察的直行车道的交通比拟为一维管道内的流动,基本方程组为[44, 140]

$$\begin{cases} \dfrac{\partial(\rho A)}{\partial t} + \dfrac{\partial(\rho u A)}{\partial x} = 0 \\[3mm] \dfrac{\partial(\rho u A)}{\partial t} + \dfrac{\partial(\rho u^2 A)}{\partial x} + A\dfrac{\partial p}{\partial x} + \tau_w = 0 \end{cases} \tag{3.1}$$

其中,ρ—车流密度;

A—车道数;

u—车流速度;

p—交通流压力;

τ_w—车流经过单位面积路面时所受阻力的总和.

由于我们仅考虑下匝道直行车道所对应的单一车道,故 $A = 1$. 假设不考虑车流所受阻力,即 τ_w 取为 0. 同时,引入吴正提出的气动力学压力比拟[44, 140]:

$$p = c\rho^n = \dfrac{(n-1)^2}{4n}u_f^2\rho_j^{1-n}\rho^n \tag{3.2}$$

其中,n 为交通状态指数,u_f 为车流畅行速度,ρ_j 为车流的阻塞密度.

将(3.2)式代入方程组(3.1)并化简,得

$$
\begin{cases}
\dfrac{\partial \rho}{\partial t} + u\dfrac{\partial \rho}{\partial x} + \rho\dfrac{\partial u}{\partial x} = 0 \\
\dfrac{\partial u}{\partial t} + u\dfrac{\partial u}{\partial x} + \dfrac{(n-1)^2}{4}u_f^2\left(\dfrac{\rho}{\rho_j}\right)^{n-1}\dfrac{1}{\rho}\dfrac{\partial \rho}{\partial x} = 0
\end{cases}
\tag{3.3}
$$

我们考察的是主干道绿灯周期内交叉道路上的右转车流的影响,在信号灯由红转绿后,主干道上的排队车辆起动,由拥挤状态以一定的速度扩散到畅行状态,这种现象表现出车流向一定的平衡状态调节的过程,即车流的弛豫性. 为此,我们对吴正的一维管流交通流模型进行修正,在方程组(3.3)的连续性方程中引入源项作用,运动方程中引入弛豫项 $\dfrac{u-u_e}{T}$,其中 u_e 为平衡速度,它是车流密度的函数,即 $u_e = u_e(\rho)$;T 为司机调节车速的弛豫时间. 于是方程组(3.3)变为

$$
\begin{cases}
\dfrac{\partial \rho}{\partial t} + u\dfrac{\partial \rho}{\partial x} + \rho\dfrac{\partial u}{\partial x} = S \\
\dfrac{\partial u}{\partial t} + u\dfrac{\partial u}{\partial x} = -\dfrac{(n-1)^2}{4}u_f^2\left(\dfrac{\rho}{\rho_j}\right)^{n-1}\dfrac{1}{\rho}\dfrac{\partial \rho}{\partial x} - \dfrac{uS}{\rho} - \dfrac{1}{T}[u-u_e(\rho)]
\end{cases}
\tag{3.4}
$$

式中 S 为源(汇)项,在上匝道和下匝道分别为正和为负.

采用一阶混合差分格式对上述方程组进行离散

$$
\begin{cases}
\rho_i^{k+1} = \rho_i^k + \dfrac{\Delta t}{\Delta x}u_i^k(\rho_{i-1}^k - \rho_i^k) - \dfrac{\Delta t}{\Delta x}\rho_i^k(u_{i+1}^k - u_i^k) + \Delta t S_i^k \\
u_i^{k+1} = u_i^k + \dfrac{\Delta t}{\Delta x}u_i^k(u_{i-1}^k - u_i^k) - \dfrac{\Delta t}{\Delta x}\left(\dfrac{n_0-1}{2}u_f\right)^2\left(\dfrac{\rho_i^k}{\rho_j}\right)^{n_0-1}\left(\dfrac{\rho_{i+1}^k}{\rho_i^k}-1\right) - \\
\qquad \dfrac{\Delta t u_i^k S_i^k}{\rho_i^k} - \dfrac{\Delta t}{T}[u_i^k - u_e(\rho_i^k)]
\end{cases}
$$

$$\tag{3.5}$$

64

2005 年上海大学博士学位论文

其中,上标 k 表示时间步,下标 i 表示空间步,Δt 是时间步长,Δx 是空间步长. u_f, ρ_j 由参数辨识过程确定. 出于实际应用的考虑,文中设 $n = n_0 = \text{const}$,由参数辨识来确定.

3.2 参数辨识与具体算例

基于吴正提出的基本思想[44, 45],我们进行了相应的交通实测和参数辨识. 由于所考察的中山北路下匝道直行车道无左转车辆,故布置测点如图 3.4 所示. 观测员 1 和 2 分别负责测量距交叉口停车线 dx 处车辆的起动时间 dt_k^m 和车流的排队长度 l_k^m,其中上标 m 表示实测数据,下标 k 表示测量次数的序号. 我们选取 $dx = 60\ \text{m}$,dx 除以 dt_k^m 记为 a_k^m,即为实测的第 k 次测量中的起动波速. 而利用 l_k^m,采用理论公式可以计算出第 k 次测量中的起动波速 a_k,其计算公式为

$$a_k = \frac{u_f}{2}\big[1 + \exp[-\beta(l_k^m - l_0)]\big] \tag{3.6}$$

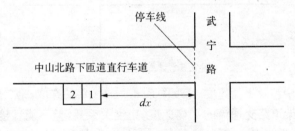

图 3.4　参数辨识测点分布图

其中,l_0 是路段上的最小排队长度;β 是有量纲的常数;交通状态指数 n_0 与起动波速 a_k 之间存在如下关系

$$a_k = \frac{n_0 - 1}{2} u_f \tag{3.7}$$

参数辨识需要有一个数据分析系统,使得泛函 $J = \sum\limits_{k=1}^{k^*} (a_k - a_k^m)^2$

达到极小值. 我们共采集了 50 组有效数据 (即 $k^* = 50$)，然后以吴正曾在上海市测量到的参数作为初始值 ($\beta = 0.02 \text{ m}^{-1}$，$u_f = 6 \text{ m/s}$，$l_0 = 40 \text{ m}$)[44]，经过校正以后得到适用于该路段的参数值：$u_f = 7 \text{ m/s}$，$\rho_j = 0.24 \text{ veh/m}$，$n_0 = 2.16$.

如前所述，我们将内环线高架内侧武宁路下匝道的直行车道作为研究对象，考察路段长度约为 500 m，等距地分成 10 个计算网格 (或单元，即 cell)，时间步长取为 5 s. 具体的网格划分如图 3.5 所示. 由该图可以看出，第八单元为交叉口，如果将武宁路右转车辆的流量产生率视为方程组 (3.4) 中的源项 S，那么除第八单元 (交叉口段) 外，其余各单元的 S 数值均可视为 0. 我们将所有的实测结果进行平均，得到第八单元上的源项 $S = 0.002\,4 \text{ veh/m·s}$ (veh 表示单位"辆"，下同).

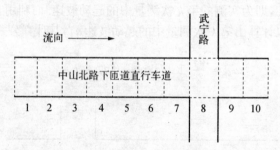

图 3.5　计算网络示意图

模型中涉及平衡速度-密度关系 $u_e = u_e(\rho)$ 的选取，第二章中我们得到了高架道路交通流的平衡速度-密度关系式，但不能直接将其"移植"到地面道路交通，而我们在交叉口的实测过程中得到的数据样本量太少，无法拟合到所需的速度-密度关系，因此我们采用冯苏苇博士基于大量实测数据验证的线性平衡速度—密度关系式[49]，其形式如下

$$u_e = u_f \left(1 - \frac{\rho}{\rho_j}\right) \tag{3.8}$$

我们设定驾驶员反应的弛豫时间 $T = 7 \text{ s}$[49]. 由本文考虑中山北路绿灯周期内 (实测绿灯时间为 90 秒) 武宁路上的右转车流所产生

的影响,在交通信号灯由红转绿时,所考察路段上的车辆呈不均匀分布. 由实测得到初始条件为

$$\begin{cases} \rho(i,\,0) = 0.035\,\text{veh/m}, \; u(i,\,0) = 4\,\text{m/s} & 1 \leqslant i \leqslant 5,\, 8 \leqslant i \leqslant 10 \\ \rho(i,\,0) = 0.24\,\text{veh/m}, \; u(i,\,0) = 0 & 6 \leqslant i \leqslant 7 \end{cases}$$

$$(3.9)$$

边界条件也由实测确定为

$$\begin{cases} \rho(1,\,k) = 0.035\,\text{veh/m} & \rho(10,\,k) = \rho(9,\,k) \\ u(1,\,k) = 4\,\text{m/s} & u(10,\,k) = u(9,\,k) \end{cases}$$

$$(3.10)$$

3.3 数值模拟结果分析

采用上述修正的一维管流交通流模型,结合参数辨识的结果,并利用交通实测得到的初始与边界条件,我们对高架路下匝道附近的交叉口交通流进行了数值模拟[141, 142]. 数值模拟结果与实测数据的比较如图 3.6 所示.

由图 3.6 可以看出,数值模拟得到的绿灯周期内第六单元和第十单元流量变化曲线与实测数据相当符合,其符合程度优于文献[139]中的结果,从而验证了模型的可靠性. 据我们分析,模拟结果与实测数据仍然存在差距是由于没有计及车辆变道效应以及第八单元源项的动态变化. 另外,由于没有获取由该路段实测数据拟合得到的速度—密度关系,对数值计算结果也会产生一定的影响.

我们曾经作过如下尝试,即在运动方程中不考虑弛豫项,直接应用文献[44]中的吴正模型来模拟计算. 在模型方程中同样计入右转车流产生的源项,采用相同的参数辨识结果和定解条件,并且采用与修正模型相同的离散格式进行数值模拟. 结果与上述情况大相径庭: 在模拟进行到第十时间步(即绿灯周期的第五十秒)时,第六个单元首先出现速度为负值的情况,随着时间步的增长,负速度的绝对值逐渐增大,而且波及了第七单元;当模拟进行到第十四个时间步时,第

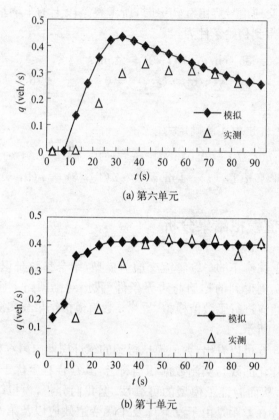

(a) 第六单元

(b) 第十单元

图 3.6 数值模拟结果与实测数据的比较

六单元的密度也变为负值. 速度和密度先后出现负值,说明原模型不能描述这种交叉口的"挤压"效应,表明我们对模型的改进是合理的、切合实际的.

下面对右转车流所产生的源项 S 进行分析. 为了说明右转车辆对主干道的影响,我们取 $S = 0.0024\ \text{veh/m·s}$,$0.0036\ \text{veh/m·s}$,$0.0012\ \text{veh/m·s}$ 和 0,分别对应于实测到的平均值、增大源项、减小源项和无源项干扰四种情况. 当然,源项 S 的数值越大,说明右转的车辆数目越多. 图 3.7 和图 3.8 给出了源项不同时车流密度在整个绿灯周期内的变化曲线,其中图 3.7 为第七单元情况,图 3.8 为第八单元情况. 由图可见,在不改变其它所有参数的条件下,仅变化源项数值,第七、八单元的密度值随着源项增大而居高不下,这表明当源项增大,即驶入主干道的右转车辆数目增加时,交叉口处(即第八单元)车辆密度大增,从而影响到上游单元(即第七单元)的车辆行驶状态,致使第七单元的车流密度也相应增加. 但是当源项为 0,即无右转车辆进入主干道时,第七和第八单元的密度值随着绿灯时间的延长而逐渐下降,反映出红灯时的排队车辆在绿灯时段内逐渐疏散的过程.

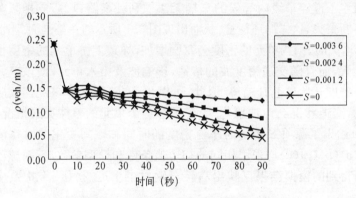

图 3.7 源项不同时第七单元密度变化图

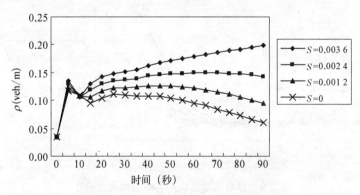

图 3.8 源项不同时第八单元密度变化图

图 3.9 给出了改变源项数值,绿灯周期结束时各单元的密度分布
情况. 由图可以看出,当 S 为 0,即无右转车辆时,绿灯时段结束车流
在整个计算路段上几乎呈均匀分布,只是由于交叉口的其它因素影
响而使八至十单元的密度略有上升. 当 $S=0.0024$ 时,即考虑实测情
况,由于右转车辆数目增多,车流密度在第七单元开始增大,第八至
第十单元呈现出高密度状态,整个路段上的密度分布很不均匀,反映
了右转车辆对主干道的"挤压"效应. 由于交叉口附近的单元均处于
高密度区,所以在有限的绿灯时段里,极易造成车流不畅,导致红灯
时段主干道停车线内等候的车辆无法顺利驶离路口,造成排队车辆
的不断聚集,这样循环往复,从而出现图 3.1 所示的一幕画面. 当源项
S 再增大时,第八单元的密度会急剧增加,导致上游单元的密度也迅
速增大,而且随交通密度波的传播,影响波及第六单元,使该单元的
车流密度开始呈上升趋势. 因此,可以预见,随着这种"挤压"效应的
加剧,交通状况会愈加恶化. 为了了解各个单元的整体交通情况,图
3.10 给出了源项 S 不同时车流密度随时间和空间变化的时空演化
图. (a)(b)(c)(d)均采用相同的初边值条件和模型参数,不同源项数
值所得到的模拟结果反映出右转车辆对主干道"挤压"干扰效应的
大小.

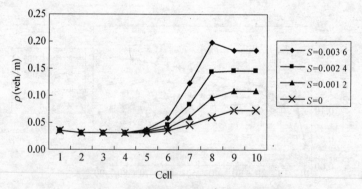

图 3.9　绿灯周期结束时各单元的密度分布

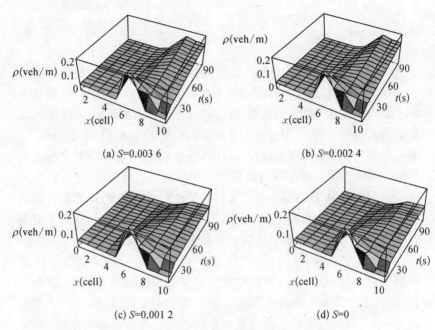

(a) S=0.003 6　　　　　　　　　　　(b) S=0.002 4

(c) S=0.001 2　　　　　　　　　　　(d) S=0

图 3.10　源项不同时车流密度的时空演化图

通过上述分析可以看出,右转车辆对主干道的"挤压"效应不容忽视. 尤其在两条相交道路均为繁华干道的交叉口,如果某一运行方向绿灯时段的较大出流持续受到相交道路上右转车辆的"挤压",可能会引起出流受阻,导致交通状况的恶化. 由于高架路下匝道出口一般采取距地面交叉口很近的设计(如文中讨论的中山北路—武宁路下匝道出口距离交叉口停车线仅为 50 m),绿灯时段的出流常与交叉口不断右转的车辆发生冲突,所以匝道附近交叉口的交通状况普遍较差. 当这种"挤压"效应严重影响到下匝道的出流时,会很快向上游传播,并迅速波及高架道路主线,可能引发高架路较长路段上的交通拥堵. 所以说,匝道、地面与高架路三者之间的交通有密切联系,如果某个环节出现了故障不能及时排除,也许会陷入"满盘皆输"的境地.

3.4 小结

本章以高架路匝道附近的地面交叉口作为研究对象,在一维管道流模型的基础上,连续性方程中加入右转车辆产生的源项作用,并且考虑车流向平衡状态调节的过程,在运动方程中引入弛豫项,并采用不均匀分布的初始条件,对主干道上的右转车辆干扰效应进行了数值模拟,模拟结果与实测数据吻合较好. 从计算结果来看,右转车辆对主干道的"挤压"效应随着右转车辆的数目增多而加剧,是导致某些交叉口出流不畅的重要原因. 在制定此类交叉口的交通管理措施时,设置右转方向的专用交通灯或让右转车辆受同方向直行信号灯的支配,使主干道出流免受右转车辆的干扰,不失为一种极佳的解决方案.

通过上述分析,我们还认为:在修建高架路时,未考虑上下匝道设置的合理性,是产生目前这种交叉口交通拥塞的根本原因. 就本案例而言,武宁路是上海市北部地区的一条交通干道,特别是沪宁高速公路通车以后,它更成了苏南地区车辆进入上海市区的一条捷径,交通流量急剧增加. 在与这条交通干道距离不到百米处设置高架路的上下匝道,实非明智之举,而匝道不通畅势必影响到内环线高架的畅通. 1998 年以前,这个匝道附近的高架道路交通高峰时的排队车辆经常绵延数公里,被人讥讽为"高架停车场";为了解决燃眉之急,不得不在武宁路上游向西 1.5 公里处耗资上亿元,修建了金沙江路匝道,情况稍有改观,但由图 3.1 中的照片可见,内环线的这一路段,车辆排队现象仍然十分严重;最近,又在武宁路下游(东侧)1 公里处修建了镇坪路匝道,而该路段依然拥堵. 据估计,两处新匝道投资约 2 亿元,为内环线浦西段总投资额的 5%. 据说,市政部门正在考虑改造一些高架路匝道,例如有让武宁路下匝道往右转个弯的方案,这种做法不仅有碍美观,而且不知要多耗费多少资金! 从对这个案例的分析,我们可以看到发展交通科学和进行交通预研的重要性,但愿今后不再发生这种"市政工程遗憾"!

第四章　高架路上匝道控制的
信号配时方案及分析

影响上海市高架道路系统运行不畅的因素,除了上一章所述的下匝道问题以外,上匝道通行受阻以及它对高架路直行交通的严重影响也是不容忽视的.本章及下一章就此做一些分析,并提出一些改进措施.

根据 2003 年 1 月对上海市高架道路系统的实际观测,内环线高架全线平均速度为 47.61 km/h,其中南段(南浦大桥～漕溪路立交)车速最低,为 43.3 km/h.延安路高架平均速度 48.7 km/h,其中东段(石门一路～中山东路)速度最低,不到 40 km/h.南北高架路平均速度 45.29 km/h,其中南段(延安路～中山南路)车速最低,为 43.55 km/h[9].以上数据为平均速度,实际上,在高峰时段,各高架路的平均车速低于 20 km/h,车辆排队长度往往绵延数公里,在南北高架路的天目路—延安路路段,这种现象尤为明显.在造成交通拥挤的许多因素中,大致可以归纳为两类:一类是常发性交通拥挤(recurrent congestion),亦即在某些特定时段(主要指早晚的交通高峰或者交通相对集中的节假日)经常发生的交通拥挤现象.此时,部分路段上的交通需求超过了设计通行能力,从而发展成为运行上的交通瓶颈.另一类是偶发性交通拥挤(nonrecurrent congestion),主要由于特殊事件等随机因素引发,如交通事故、车辆抛锚或者道路施工、养护等.由于随机事件的位置和时间都无法预测,这类交通拥挤问题,难以采取控制交通需求或者提高通行能力等对策来处理与改善.

有一种引起常发性交通拥挤的原因是:由于道路几何上存在缺陷(如车道数目减少等),此时会造成通行能力的降低,这些特殊路段可称为几何瓶颈路段,当瓶颈上游的交通需求超过其通行能力时,就会产生交通拥挤,并在瓶颈上游车道形成排队现象. 另一种值得关注的常发性交通拥挤与未限制高架道路系统的匝道出入量密切相关. 如果进入匝道的交通量与高架路主线上的交通量相加导致合流路段的交通需求超过通行能力,那么在主干线上就会产生交通拥挤,并导致合流路段的上游车辆出现排队现象. 图 4.1 所示的两张照片是在上海市内环线高架拍摄到的上匝道入口处交通高峰时段的情况. 左图为内环线外侧金沙江路上匝道早高峰时的情况,右图表示内环线内侧的沪太路上匝道晚高峰时的交通状况. 由图可见,上匝道车流排成长队,其长度几乎延伸到了相交的地面道路;而在上匝道与高架路主线交汇处的上游路段,大量的来流车辆通行受阻,从而严重影响了高架路主线上的畅通.

(a) 内环线外侧金沙江路上匝道　　　　　(b) 内环线内侧沪太路上匝道

图 4.1　上海市内环线高架上匝道入口处交通高峰时段的照片

为了保证城市高架道路的高速、高效和安全性,必须妥善解决目前存在的拥堵问题. 为此,有很多方案可供选择:一是新建高架道路或在原有道路基础上实施改造和扩容. 目前上海市中环线高架正在热火朝天地建设,相关部门又出台在原有高架路系统上将增设六处匝道的重大举措.这种做法当然可以缓解交通拥挤状况,但成本相当高,而且在建设过程中可能造成交通结构失衡,衍生出许多新问题.第二种做法是对高架道路上的交通流进行控制,以期合理地组织交通,减少交通事故,缓和或消除拥挤,提高道路使用效率.设置高架道路上的监测控制系统,预计成本仅占道路全部投资的 5%~10%.因此,这种方案是解决高架道路交通问题一种行之有效的方法.在交通高峰时段采用交通灯对高架道路上匝道实行适当适时的控制,可以提高车辆的行驶速度,增加高峰期间的交通量,减少交通堵塞和车辆行驶的延误时间,具有显著的经济效益和社会效益.本章拟对这一措施做一些初步分析.

4.1 上匝道控制的研究概况与基本方法

上匝道控制作为高架道路交通控制的一种有效方式,其基本目标是减少进入高架道路的车辆数,使交通流能在交通密度适中、交通流量较大的状态下运行,达到高效、安全的目的.其实质是将匝道入口的交通流在时间和空间上重新分配,使其中一部分车辆进入高架道路,另一部分在匝道上等待,伺机进入;还有一部分车辆可以自行选择替代路线行驶,或者由下游的其它匝道进入高架路.

众多学者对高速公路的入口匝道控制研究由来已久.王学堂[143]利用模糊数学的理论和方法设计了高速公路的匝道控制器.姜紫峰等人[144]通过对入口匝道可汇入量影响因素的分析,提出了独立的入口匝道控制和入口匝道联合控制两种控制策略,计算机仿真表明:实行控制策略能够提高道路的服务水平,减少行程时间,控制效果较好.文献[145]提出了如何利用 PLC 机对高速公路入口匝道实现交通动态控制.文献[146]采用双层规划模型描述高速公路网络的入口匝道流量控制问题,设计了基于灵敏度分析法的启发式算法.李硕等人[147]提出了以加速车道合流等待理论为基础的加速车道长度设计方法和以排队论为基础的入口匝道交通控制方法,分析了高速公路

主线流量对入口加速车道设计的影响. 文献[148]建立了一个基于多
车道动态离散交通流模型的高速公路入口匝道流量优化控制模型.
Zhang[149]利用人工神经网络理论,建立了高速公路入口匝道实施局
部动态控制的非线性方法,数值结果表明控制策略是有效的. 随后,
他和他的合作者[150]基于非线性反馈控制方法,发展了全局交通响应
的匝道控制策略,并借助人工神经网络加以实现. 文献[151]对高速
公路网几种不同的全局控制策略进行研究,利用可行方向算法求解
了最优控制问题. 文献[152]综述了用于高速公路交通控制的各种策
略,并将入口匝道的总体优化控制方法用于实际交通路网.

　　对于城市高架道路的上匝道控制,针对高速公路的某些研究成
果可供借鉴. 但是高架道路的交通状态与高速公路有很大差异:速度
相对较低、路段上的交通干扰多,早晚的交通高峰特征比较明显等.
而且高架道路与地面道路联结形成城市的立体交通网络,在高架路
上实行匝道控制时,需要特别关注其对地面道路可能造成的不良影
响. 部分学者对城市高架道路的上匝道控制进行了多方面的研究:文
献[153]通过对法国巴黎南部的城市高架路为期几个月的实地观测
后发现,对上匝道实行有效的局部反馈控制策略,可以改善高架道路
以及与之平行的地面道路上的交通状况. 文献[154]对城市高速道路
交通控制方法的研究进行了回顾与展望,强调实现城市高速道路与
地面道路的综合集成控制应为今后的重要研究方向. 杨晓光等人[155]
以开发城市高架道路交通智能化控制与管理系统为背景,运用线性
规划的方法,提出了改进的动态控制模型.

　　上匝道控制主要包括匝道调节和匝道关闭两种形式. 在城市高
架道路系统中匝道关闭主要指高峰期间的短时关闭. 根据东方网消
息,从 2003 年 11 月 20 日开始,上海市延安路高架的娄山关路、茂名
路和石门二路三处上匝道开始采用红绿灯信号的形式表示可否通
行. 当红灯亮时,表明高架道路已处在饱和状态,禁止车辆再上高架,
即该处上匝道实行短时关闭,与信号灯配套的"电子警察"监控道路
行车状况. 这是上海市首次采用红绿信号灯来实现高架路上匝道控

制.以往,为了控制高架路上的交通流量,当因发生交通拥堵而需要封闭部分上匝道时,采用的是警车挡在上匝道口、交警进行人工指挥的方式.

上匝道调节,是在上匝道使用交通信号灯,以限制、调节进入高架道路的交通流量,保证高架道路按照较高的服务水平运行.主要采用如下三种形式:

(1)定时调节:匝道信号以固定的周期运行.这种系统运行方式简单,与无控制时相比,在预防常发性交通拥挤方面能够收到较好的效果.但是系统无法最佳地适应交通需求的动态变化,不能对偶发性拥挤做出响应;

(2)局部动态调节:匝道信号根据邻近上下游主线交通检测器提供的实时交通数据动态地确定,而不是预先确定的固定周期数值;

(3)全局动态调节:该系统把包含若干个匝道的整段高架道路作为一个整体,在实时采集各个路段反馈信息的基础上进行动态优化,确定出各个匝道的信号配时.系统以全局最佳运行为目标,可以避免或者迅速消除偶发性与常发性交通拥挤.

局部和全局动态调节这两种系统均需要采集实时交通数据,对硬件配置的要求较高,尤其是全局动态调节,要求配备非常完善的控制中心、数据通信系统以及监视显示系统,造价高,实现难度大,应该成为我们的长远目标,而相对简单易行的定时调节系统有望在近期得到广泛应用.

目前的上海市高架道路系统中,除了前面提到的延安路高架三处上匝道采用红绿灯信号对匝道实行高峰期间的短时关闭以外,绝大多数上匝道都处于无控制自由行驶状态或者采用人工指挥的方式.图4.2所示的一组照片反映了目前部分上匝道车辆并入高架路主线时,由交巡警指挥交通的情况.照片(a)(b)(c)(d)是按照时间先后顺序拍摄:图4.2(a)中交警挥动手势,让上匝道车辆停下来排队等候,优先保证高架路上的车流通畅运行,此时高架路上的车流量较大,车流密度较高;图4.2(b)中交警指挥高架路上的车辆加速通行,而此时上匝道车辆仍在排队等候,经过一段时间的运行,高架路上的车流密度相对减小,车速加快;图 4.2(c)中交警开始放行上匝道的排队车流,头两部黑色轿车已经起动,而从图上可以看出,此时高架路上的车流已经比较稀疏;但是可以想象,随着上匝道车流的陆续进入,经过一段时间以后,会重新导致高架路主线上的车流密度增大,车速下降,运行质量变差. 那么交警又会指挥上匝道车辆停下来排队等候. 我们稍后拍摄到的照片正说明了这一点,图 4.2(d)反映了与图 4.2(b)相似的情形:交警挥动手臂,指挥高架道路车辆加速通行,而上匝道车辆又开始排队等候.

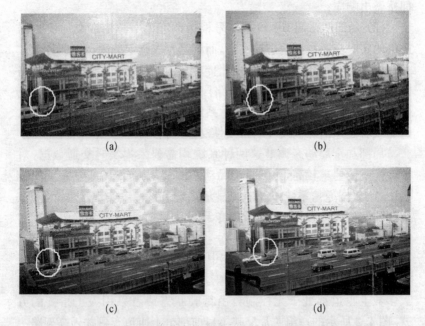

(a)　　　　　　　　　　　(b)

(c)　　　　　　　　　　　(d)

图 4.2　部分上匝道车辆并入高架路主线时由交巡警指挥交通的情况

由此看来,由交警指挥高架路上匝道并入主干线处的交通,可以迅速缓解高架道路的拥堵状态,使其发挥高速、高效的快速干道功能. 但是,由人工指挥上匝道交通,一方面会耗费大量人力,同时高架路上较为恶劣的环境(如交通噪声、车辆尾气污染以及极端的气候条件等)会对人体健康造成危害;另一方面,囿于人的自然条件,交警的动作和行为只能被近距离处的少数驾驶员看到并领会,影响范围较小.如果在上匝道处采用红绿灯信号进行定时调节,就会克服上述缺点,既能节约很多人力,又可以使车辆在较大空间范围内接收到信号,确保高架道路高效、有序地运行,所以此方案不失为一种很好的高架道路交通控制方式.

匝道的长度遵照一定规范进行设计,在城市高架道路系统中上下匝道的长度约为 120 米左右.在上匝道实施定时调节的过程中,如果禁止匝道车辆并入主干线的时间过长,可能会没有足够的停车空间供等待匝道交通信号的车辆使用,那么匝道上的车队就会延伸到相交的地面道路,严重影响地面道路系统的交通状况.与此相反,如果允许匝道车辆并入主干线通行的时间过长,匝道控制措施几乎不起作用,达不到使高架道路主线快速、高效运行的目的.因此上匝道控制的信号配时成为一个亟待解决的问题.

本章采用本课题组发展的交通流各向异性流体力学模型,在运动方程中考虑到上匝道来流对高架路主线交通的影响,利用取自于实际交通的初始状态分布和由实测数据拟合得到的速度—密度关系式进行数值模拟,为高架路上匝道设定了几种不同的信号配时方案,并对这些方案的实施效果进行了比较和分析,从而为高架道路的上匝道实行定时控制与调节提供了理论参考和依据.

4.2 交通流的各向异性流体力学模型

第一章中已经指出:迄今为止,已有的 100 多种纷繁复杂的交通流模型中,还不存在万能、普适的模型.城市高架道路具有快速路性质,其交通具有相对的连续性,车流量较大.同时,研究上匝道定时调节的信号配时问题,目的是分析实行该措施前后高架道路上的宏观交通特征,并对不同的配时方案进行比较,所以我们采用宏观流体力学模型对该问题进行描述和分析.

20 世纪 90 年代, Daganzo 指出[51]高阶的非平衡交通流模型会导致非物理的效应, 即"类气体行为"和车辆倒退问题. 针对这种质疑, 国内外多位学者提出了解决之道, 从不同角度建立了能够克服上述问题的流体力学各向异性模型[52, 54, 57]. 薛郁等人[58]考虑到车流的时间—位置的前瞻性预期行为以及车辆的弛豫时间 T 不同于驾驶员的反应时间 τ 这样一种效应, 提出了虑及不同时间尺度行为的交通流宏观流体动力学模型, 该模型由连续性方程和运动方程组成, 其形式如下

$$
\begin{cases}
\dfrac{\partial \rho}{\partial t} + \dfrac{\partial (\rho u)}{\partial x} = 0 \\[2mm]
\dfrac{\partial u}{\partial t} + u\,\dfrac{\partial u}{\partial x} = \dfrac{u_e(\rho) - u}{T} + c(\rho)\,\dfrac{\partial u}{\partial x}
\end{cases}
\tag{4.1}
$$

式中, ρ 为车流密度, u 为车流速度, $u_e(\rho)$ 指平衡状态下的速度—密度关系, T 为车辆的弛豫时间, τ 指的是驾驶员的反应时间, $c(\rho)$ 为小扰动的传播速度, 具体形式为 $c(\rho) = -\rho\,\dfrac{\tau}{T}\,u_e'(\rho) \geqslant 0$. 该模型克服了传统模型存在的缺陷, 消除了非物理效应. 为了考察实施上匝道定时调节措施前后的差异与效果, 需要充分关注上匝道合流处及其上下游附近的高架道路交通. 当上匝道车辆并入高架道路主线时, 交汇和冲突会引起高架道路车辆运动的滞缓, 对主线交通产生一定的阻碍作用, 所以我们在上述模型的运动方程中增加匝道交通的影响项 uS/ρ, 用以刻画上匝道交通量对高架道路主干线运行所产生的影响. 这样, 可以将模型改写为如下形式

$$
\begin{cases}
\dfrac{\partial \rho}{\partial t} + \dfrac{\partial (\rho u)}{\partial x} = S(x, t) \\[2mm]
\dfrac{\partial u}{\partial t} + u\,\dfrac{\partial u}{\partial x} = \dfrac{u_e(\rho) - u}{T} + c(\rho)\,\dfrac{\partial u}{\partial x} - \dfrac{uS}{\rho}
\end{cases}
\tag{4.2}
$$

式中参数的含义同(4.1)式, $S(x, t) \geqslant 0$ 指上匝道处的流量产生率,

是连续性方程的源项. 我们采用有限差分方法进行数值求解. 连续性方程的离散采用符合交通流物理意义的差分格式[156]:

$$\rho_i^{j+1} = \rho_i^j + \frac{\Delta t}{\Delta x}\rho_i^j(u_i^j - u_{i+1}^j) + \frac{\Delta t}{\Delta x}u_i^j(\rho_{i-1}^j - \rho_i^j) + \Delta t S_i^j \quad (4.3)$$

运动方程则采用一阶的迎风格式进行离散

(i) 当考察路段上的密度较大时,有 $u_i^j < c(\rho_i^j)$, 此时

$$u_i^{j+1} = u_i^j + \frac{\Delta t}{\Delta x}(c(\rho_i^j) - u_i^j)(u_{i+1}^j - u_i^j) + \frac{\Delta t}{T}(u_e(\rho_i^j) - u_i^j) - \frac{\Delta t u_i^j S_i^j}{\rho_i^j}$$

$$(4.4)$$

(ii) 当考察路段上的密度较小时,有 $u_i^j \geqslant c(\rho_i^j)$, 此时

$$u_i^{j+1} = u_i^j + \frac{\Delta t}{\Delta x}(c(\rho_i^j) - u_i^j)(u_i^j - u_{i-1}^j) + \frac{\Delta t}{T}(u_e(\rho_i^j) - u_i^j) - \frac{\Delta t u_i^j S_i^j}{\rho_i^j}$$

$$(4.5)$$

其中,下标 i 表示空间单元,上标 j 表示时间序列,Δt 指时间步长,Δx 指空间步长.

即使在某些极端情况下,上述离散格式的方程组也能够保持交通流的物理特性. 例如,对于不考虑源汇项的连续方程,假设 $t=0$ 时,单元 i 的密度为 0,即 $\rho_i^0 = 0$,此时我们有

$$\frac{\partial \rho_i^0}{\partial t} = \frac{1}{\Delta x}(u_i^0\rho_{i-1}^0 - \rho_i^0 u_{i+1}^0) \quad (4.6)$$

由于 $\rho_i^0 = 0$, $\rho_i^0 u_{i+1}^0 = 0$,且 $u_i^0\rho_{i-1}^0 \geqslant 0$ 恒成立,所以 $\partial\rho_i^0/\partial t \geqslant 0$, 这表明,当 $t>0$ 时,ρ_i 一定为非负值. 另一方面,假设 $t=0$ 时,i 单元的密度为最大值,即 $\rho_i^0 = \rho_j$,我们有 $\lim\limits_{\rho\to\rho_j}u_i^0 = \lim\limits_{\rho\to\rho_j}u_e(\rho_i^0) = 0$,所以 $u_i^0\rho_{i-1}^0 = 0$,又有 $\rho_i^0 u_{i+1}^0 \geqslant 0$,由式(4.6)可得出,恒有 $\partial\rho_i^0/\partial t \leqslant 0$ 成立. 这保证了当 $t>0$ 时,ρ_i 不会超过最大的阻塞密度值.

对于速度可以作相似的分析. 假设 $t=0$ 时,单元 i 的速度为 0,即 $u_i^0 = 0$. 由 (4.4) 式可以得到

$$\frac{\partial u_i^0}{\partial t} = \frac{1}{\Delta x}cu_{i+1}^0 + \frac{1}{T}u_e \geqslant 0 \qquad (4.7)$$

保证了当 $t > 0$ 时,u_i 一定为非负值. 同样,假设当 $t=0$ 时,i 单元的速度为最大值,即 $u_i^0 = u_f$,从 (4.5) 式可以得出

$$\frac{\partial u_i^0}{\partial t} = \frac{1}{\Delta x}(c-u_f)(u_f-u_{i-1}^0) + \frac{1}{T}(u_e-u_f) - \frac{u_f S_i^0}{\rho_i^0} \leqslant 0$$

$$(4.8)$$

此式表明当 $t > 0$ 时,u_i 不会超过最大的畅行速度值.

4.3 算例和信号配时方案

我们选取高架路上匝道附近的路段作为考察对象,假定路段长度为 $1\,000\,\mathrm{m}$,将其划分为 20 个计算单元 $(N=20)$,上匝道位于中间位置略偏右的第十一单元处. 考察路段的示意图如图 4.3 所示. 由图中可以看出,上匝道车辆于第十一单元处并入高架路主线,其流量产生率为 S,视作高架道路上的源项作用. 假设整个考察路段上密度和速度的初始分布是均匀的,即各个单元为相同数值,这些数值由交通实测给出:

$$\rho_i^0 = 0.075\,\mathrm{veh/m} \quad u_i^0 = 4.38\,\mathrm{m/s} \quad (\mathrm{i}=1,\,2,\cdots,N) \quad (4.9)$$

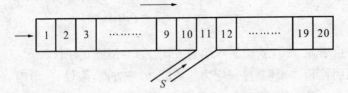

图 4.3 高架路段计算单元示意图

我们采用自由边界条件,即 $\frac{\partial \rho}{\partial x}$ 和 $\frac{\partial u}{\partial x}$ 在边界上为零,所以有

$$\begin{cases} \rho_0^j = \rho_1^j \\ u_0^j = u_1^j \end{cases} \quad \text{且} \quad \begin{cases} \rho_{N+1}^j = \rho_N^j \\ u_{N+1}^j = u_N^j \end{cases} \tag{4.10}$$

根据文献[49]，模型中参数的取值 $T = 7$ s，$\tau = 0.75$ s，平衡速度—密度关系 $u_e(\rho)$ 采用第二章中由实测数据拟合得到的关系式

$$u_e(\rho) = \frac{0.285}{\rho} - 1.7 \tag{4.11}$$

而且由此关系式得到的阻塞密度为 $\rho_j = 0.168$ veh/m. 数值模拟中取空间步长 $\Delta x = 50$ m，时间步长 Δt 为 1 s.

实际上，对高架道路的上匝道实行定时调节，在数值模拟中体现为所考察路段第十一单元处源项的变化. 当没有任何控制措施时，上匝道的车流会源源不断地涌入高架路主线，此时源项持续作用于第十一单元. 源项值可以通过实际的交通观测获取：$S = 0.00288$ veh/m・s，对应于高峰时段上匝道自由来流时的平均流量产生率. 当对匝道实施定时调节，即利用红绿灯信号进行控制时，上匝道来流就会呈现出周期性运行的特点：绿灯时段上匝道来流并入高架路主线，使主线上的交通流量增大，密度增加，此时模型中的源项取为有限数值；红灯时段上匝道车辆停止通行，排队等候，此时模型中的源项数值为零. 由于车辆在上匝道的排队使车头间距变小，所以随后的绿灯时段中，车辆排队之后的放行使得上匝道的入流量会比没有实行信号控制时的数值偏大，相应地由上匝道车辆形成的源项数值也会略大些，取值为 $S = 0.0035$ veh/m・s.

对上匝道进行定时调节时，我们设计了几种不同的信号配时方案. 假设允许上匝道车辆进入主干线的时间段为 R(Running，针对匝道车辆而言为绿灯时段)，上匝道车辆禁止通行、排队等候的时间段为 W(Waiting，针对匝道车辆而言为红灯时段)，则两个时间段的和 (R+W) 即为上匝道控制的信号周期. 选取不同的 R 和 W 数值，就可以得到不同的信号配时方案：R60W60，R45W45，R30W30，R15W15，R60W30 以及 R30W60，其中 R 后面的数字表示绿灯时间

（单位以秒计），W 后面的数字表示红灯时间（单位以秒计）. 利用上述模型及离散方程，我们对无信号控制情况以及几种不同的信号配时方案进行了数值模拟，模拟的时间区间为 600 秒.

4.4 数值模拟结果与分析

采用上述的初始条件和边界条件，首先对上匝道不实施任何控制的情况进行数值模拟. 因为实行上匝道控制的终极目的是保证高架道路交通的通畅运行，所以我们主要关注高架道路考察路段上的交通流情况. 图 4.4 表示了在上匝道无任何控制措施时，高架道路的车流密度在模拟时段内的时空演化趋势. 由该图可以看出，随着上匝道车流不断并入高架道路主线，匝道附近主线上的车流密度增大，并随时间延长逐渐增至阻塞密度的数值（$\rho_j = 0.168\,\mathrm{veh/m}$），可以看到由于车流拥挤而形成的拥塞波慢慢向上游路段传播. 待模拟时段结束时，整个考察路段上的密度普遍偏高，尤其是上匝道处及其上游路段，车流已经接近阻塞状态.

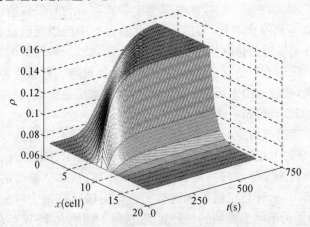

图 4.4 上匝道无任何控制措施时，高架道路
车流密度的时空演化图

如前所述,为了实现对上匝道的定时调节,我们设计了不同的信号配时方案,并针对这些方案进行了相应的数值模拟,得到一系列结果.图 4.5 和图 4.6 表示上匝道无任何控制措施以及采用不同的信号配时方案时密度的变化情况,其中图 4.5 对应着考察路段的第十一单元,即上匝道车辆并入高架路主线的单元;图 4.6 对应考察路段的第八单元,位于上匝道上游约 150 m 处.图 4.6(a)(b)(c)(d)(e)(f)各个图形分别表示实施不同的信号配时方案时,单元密度随时间的变化情况,各曲线均与上匝道无任何控制措施时(图中用 Original 表示)作了对比,由(4.2)式进行数值模拟所得到的曲线图很好地再现了上匝道实施信号控制后的效果.

由这些图形综合来看,上匝道采用信号控制会对高架道路交通产生非常有利的影响,在整个模拟时段车流密度有不同程度的下降.值得关注的是,随着上匝道车辆的放行或者排队等待,高架路上的车流密度呈现出周期性振荡的特征:绿灯时段(R 段)允许上匝道车辆进入高架道路主线时,由于合流处车辆之间的阻滞作用以及冲突效应,高架道路上的交通密度随时间不断增大;稍后对上匝道车流亮起红灯(W 段)时,高架路上的密度会由绿灯信号结束时的峰值而逐渐下降,当降至较低的密度值时,绿灯再次亮起,继续放行上匝道的车流并入主线,于是高架道路上的密度会重新上升,如此周而复始.由此看来,上匝道的信号定时调节方式完全可以行使图 4.2 所示的交巡警人工指挥的功能,达到由现代化的控制手段优化高架道路交通的目的.将图 4.5 和图 4.6 比较后发现,由于第十一单元为上匝道车流并入主干线所对应的单元,该处受到周期性源项作用的冲击最大,因此密度值的周期性振荡最显著;而位于上游 150 m 处的第八单元,由于周期性作用的源项影响逐渐减弱,所以密度值的振荡也相应变小.

为了更全面地描述实行上匝道定时调节后高架道路上的交通流状况,图 4.7 和图 4.8 给出了上匝道无控制措施以及实行不同的信号配时方案时车流速度的变化情况,分别对应于考察路段的第十一单元和第八单元.(a)(b)(c)(d)(e)(f)表示了六种不同配时方案下高架

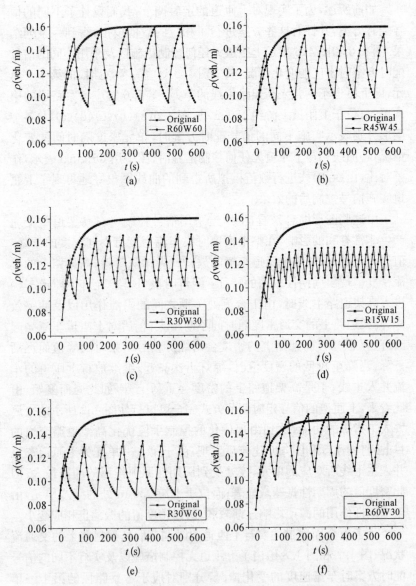

图 4.5　无信号控制和不同配时方案下,第十一单元的密度变化图

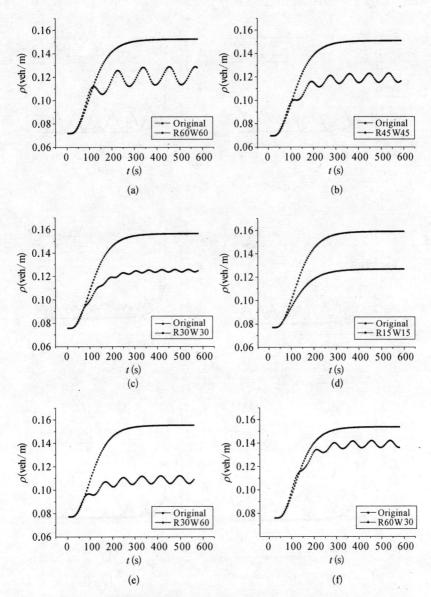

图 4.6   无信号控制和不同配时方案下,第八单元的密度变化图

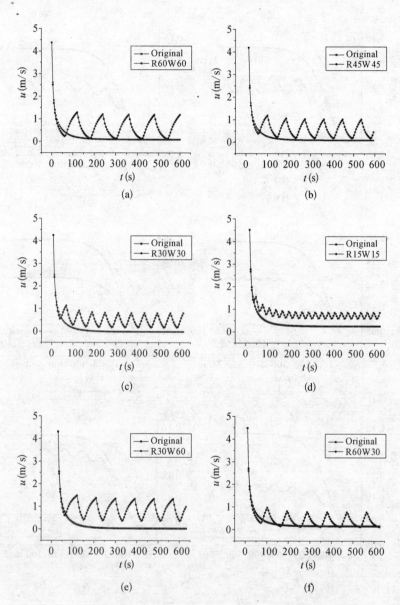

图 4.7 无信号控制和不同配时方案下,第十一单元的速度变化图

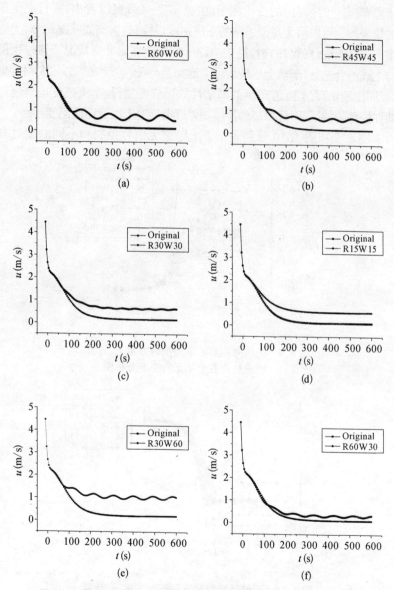

图 4.8   无信号控制和不同配时方案下,第八单元的速度变化图

道路车流速度随时间的变化图形. 由图 4.7～4.8 可以看出,实行上匝道
的信号控制可以增大高架道路的车流速度,从而改善交通状况. 当对上匝
道车流亮起红灯(W 段)时,高架道路上的车流在无冲突情况下通过匝道
与主线的合流处,车辆会尽最大可能地加速行驶,运行效率必然大幅度提
高. 同样地,随着上匝道车辆的周期性放行或者禁行,车流速度也呈现周
期性振荡的特征,而且振荡的振幅随着逐渐远离上匝道而渐渐变小.

图 4.9 和图 4.10 分别表示了上匝道无信号控制和不同的配时方

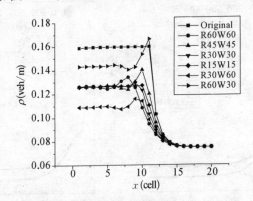

图 4.9　无信号控制和不同配时方案下,计算
时段结束各个单元的密度分布图

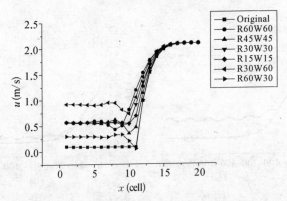

图 4.10　无信号控制和不同配时方案下,计算
时段结束各个单元的速度分布图

案下,模拟时段结束时高架道路各个单元的密度和速度分布图.由这两个图形同样可以看出,上匝道实行信号控制可以降低高架道路上的车流密度,提高车流速度,使各个单元上的交通流分布更趋均匀合理.

但是,由图4.5～4.10可以看出,各种不同的信号配时方案显示出了不同特征.如前所述,我们共设计了六种不同的信号配时方案:R60W60,R45W45,R30W30,R15W15,R30W60以及R60W30,各个方案在图4.5～4.8中分别以(a)(b)(c)(d)(e)(f)来区分,为了说明上的方便,对于六种方案我们也以此作为标记.

在(a)(b)(c)(d)四种方案中,红绿灯的信号配时是均匀的,而且红绿灯信号的持续时间呈等差排列,分别为60 s、45 s、30 s和15 s.由上面得到的密度和速度图来看,逐个实行(a)(b)(c)(d)这四种信号配时方案,高架道路上的交通流状况会依次逐渐好转,车流密度逐次下降,速度依次增加.更为可取的是,密度和速度这两个交通流参数周期性振荡的振幅逐渐减小,表明车流状态更加稳定.由图4.6中的(c)和(d)可以看出,上匝道实行定时调节后,第八单元的车流密度比无信号控制时减小了大约25%左右,可见上匝道实施有效的信号控制对于缓解拥挤的高架道路交通非常有效.但值得注意的是,如果选取的信号周期太短(如R15W15方案),红绿灯信号的更迭速度过快,上匝道和高架道路主线上车流的运行状态频繁变化,会造成总体的延误时间增加,从而降低运行效率.因此在这四种方案中,R30W30这一方案的总体指标最优,而且从第八单元的交通流参数变化来看,该方案得到的结果与R15W15方案基本相近,所以在上述四种方案中最为可取.

(e)和(f)两种方案采用的是非均匀的信号配时,前者红灯时段较长,表明上匝道的排队时间会增加;后者绿灯时段长,表明进入高架道路主线的上匝道车辆较多.由图4.5～4.10来看,实施方案(e)后得到的效果最佳:高架道路上的平均密度大大下降,速度有较为明显地增加.但是,由于这种配时方案红灯时段是绿灯时段的两倍,上匝道车流的等候时间过长,排队长度大大增加,有可能会延伸并影响到与之相交的地面道路交通.举例来说,城市高架道路的上匝道长度一般设计为 120 米,假设上匝道车辆的来流流量以 0.35 veh/s 计(交通高峰时段经常至该值),在 60 s 的红灯时段里上匝道就会有 21 辆排队车辆,如果前后相邻车辆的平均车头间距以 6.0 米计,上匝道的排队车辆就会绵延至 126 米,不仅占据了整个上匝道,并影响到了相交的地面道路交通. 也就是说,该方案在优化高架道路交通的同时,却以恶化与上匝道相连的地面道路交通作为代价,这种做法或许是得不偿失的. 方案(f)的红灯时段较短,很好地解决了与地面道路交通的冲突问题,但是由于其绿灯时段是红灯时段的两倍,即放行了相当多的上匝道车辆进入高架道路主线,导致高架路的交通流参数与无信号控制时相比变化并不明显(参见图 4.5~4.10),也就是说,实行这种方式的上匝道定时调节,没有起到充分优化高架道路交通的目的.

综合评价上述六种信号配时方案,我们认为 R30W30 这种方案较为可取,既达到了改善高架道路交通状况的目的,又不会影响到地面道路交通,因其合理可行,故可作为上匝道信号配时的优选方案.为了与前面的图 4.4 进行比较,图 4.11 给出了实行该优选方案时,高架道路上车流密度的时空演化图. 由该图看出,实行上匝道的定时调节,在匝道及其上下游附近的高架道路上会形成周期性振荡,但总体看来,与上匝道无控制措施时相比,高架道路考察路段的密度下降显著,改善效果明显. 我们知道,在某固定位置一定时间内的交通流量累积数值代表了该处通行能力的大小,所以我们绘制了第十一单元处交通流量随时间的变化曲线,如图 4.12 所示. 如果我们选择一定的时间区段,那么相对应的曲线段与时间坐标轴所围起来的图形面积代表了十一单元处在该时间段内的交通流量大小. 当上匝道无控制措施时,考察路段的第十一单元会随时间增加而逐渐趋于拥堵,流量值近乎为零. 当对上匝道实行定时调节,并采用 R30W30 这一优选方案时,该单元处的流量有较大幅度的增加,说明该处的实际通行能力增强,交通状况有了很大改善.

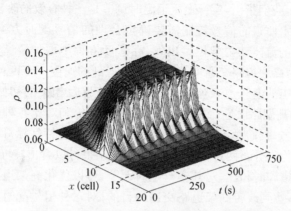

图 4. 11   实施 R30W30 配时方案后,高架道路
车流密度的时空演化图

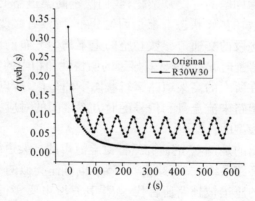

图 4. 12   实施 R30W30 配时方案前后,考察路段
第十一单元处的流量变化图

4.5   小结

目前,上海市高架道路系统存在诸多亟须解决的问题:交通拥堵时常发生,匝道经常成为交通瓶颈,总体的运行效率较差等等.针对这一现状,我们指出,实行上匝道定时调节是一种有效的改善措施.

实行上匝道的信号控制需要确定合理的信号配时方案.本章从各向异性的流体动力学模型出发,在运动方程中增加匝道交通影响项,利用由高架道路交通实测数据拟合得到的速度—密度关系式,结合实测给出的上匝道来流产生的源项数值以及相关的初始条件,对1 km长的高架路段进行了数值模拟.为了评价和对比各种信号配时方案的优劣,我们设计了六种不同的配时方案,包括红绿灯时段均匀分布和非均匀分布两种情况.由数值模拟结果可以看出:与上匝道无任何控制措施时相比,对其实行定时调节,可以优化高架道路上的交通流参数,达到改善高架道路交通的目的;对六种信号配时方案分析后发现,R30W30 是最合理的优选方案.实施该方案后,高架道路系统以及与之相连的地面道路的总体运行效果最佳.

为了排除问题的过度复杂化,我们假定高架道路上各计算单元的交通流参数在初始状态下都是均匀分布,所以有必要进一步考虑高架道路各区段的交通流参数在空间上不均匀分布的影响.本章提出的优选信号配时方案,虽具有显著的明快性和相当的实用性,但并不能确保其在所有的高架道路运行状态下的最优,所以有必要进一步研究高架道路来流流量和信号配时方案之间的对应关系,以最大限度地保证模型的合理性.

应该指出的是,本章的研究只针对上海市的高架道路系统,对北京市的快速环路系统(二环路至六环路)也可作类似的分析,只不过本章所涉及的匝道被辅路所替代.如果其它城市要实行高架路—匝道系统或主路—辅路系统的控制,必须根据实际情况进行分析,本章的建模和模拟过程看来依然适用,不过应通过具体的参数辨识和实际模拟,然后确定各自的优选配时方案.针对本章的案例,我们认定R30W30 方案较为可取,对其它个例,可能选取不同的方案,但我们相信,这里给出的取值方案有一定的普适性.当然,更为合理的做法是进行连续的优化分析,有待于日后做进一步研究.

第五章　高架路上匝道与主干线合流处交替通行方式的研究

　　在上一章中,我们讨论了高架路上匝道实行信号控制的必要性和可行性,并比较了不同信号配时方案的优劣,给出了最佳方案. 对高架路上匝道进行红绿灯的定时调节固然可以大大改善高架道路的交通状况,但是该项措施需要大量的经济投入,建设很多的硬件设施,是一个循序渐进的长期过程. 所以本章从另一个角度来探讨高架路上匝道合流处的交通问题,即对备受社会关注的交替通行规则进行分析和研究.

　　国内部分学者对上匝道与主路连接区的特征进行了研究,得到一些很好的理论结果. 文献[157]分析了高架道路车流和上匝道车流所构成的系统,指出上匝道车辆并入高架车流的过程形成一个排队系统,利用排队论建立了车流具有复合分布的高架道路的匝道入口处交通延误计算公式. 文献[158]对高架道路上匝道连接区交通运行特性进行了分析,并利用交通流特性分布及相交车流间隙的认定技术,建立了上匝道通行能力计算的"间隙—接受"理论模型. 文献[159]建立了高架道路上匝道连接区车流运行的排队系统模型,提出了其状态参数求解的 GPSS 仿真分析方法. 文献[160]对高速公路合流区加速车道上车辆的汇入特征开展了大量的实地调查,运用概率分析和微分法建立了匝道车辆的汇入概率模型和行驶距离分布概率模型. 模型揭示了匝道车辆汇入概率与合流区几何特征、交通特征的数学关系. 尽管这一结果源自对高速公路上匝道合流区加速车道的分析,但对城市高架道路研究有很好的借鉴作用. 文献[161]不仅考虑到匝道对主道的作用,同时考虑了主道对匝道的作用,数值模拟结果表明,匝道车流和主道车流是相互影响的.

国外不少学者对匝道入口处的交通流开展了多方面研究. Lee H. Y. 等人[42]利用流体动力学模型,对含匝道的高速公路路段进行了数值模拟,发现在匝道附近存在车流密度和速度的周期振荡状态,可以将其视为同步交通流产生的原因. 当主干道入流流量和匝道流量发生变化时,对出现的各种不同交通状态和亚稳定性开展了数值研究,并找出两个非平凡的解析解[162]. Helbing 等人[69, 163]采用气体动力论模型对入口匝道交通进行了数值模拟,模拟中将匝道入流视作源项,结果发现车辆驶过匝道时所产生的扰动会导致不同的拥挤模式,这有助于人们对相变行为的研究. 文献[164]在建模时对入口匝道进行了简化,假定所有匝道车辆位于一个单元格里,每个时间步一辆车以一定的概率驶入高速公路. 文献[165]则将入口匝道车辆放置于多个单元格,处理方法与文献[164]相似. Pedersen 等人[166]在研究入口匝道时引入了影子车(shadow car)的概念. Berg 等人[167]利用跟驰模型对匝道进行了模拟,所得结果与宏观模拟结果(见文献[162][163])类似,并详细讨论了孤立波解的形式. Kerner 等人[168, 169]对入口匝道引起的瓶颈效应进行了详细观测,研究了入口匝道引起的各种交通模式. 文献[170]分析了上匝道的车辆和主线上过路车之间的相互作用,二者都试图以最佳状态行驶,构成了一种类似于博弈的模式,文中据此进行建模,刻画了上匝道合流处的交通行为.

上匝道与高架道路主干线的合流处时常成为高架道路上的交通瓶颈,车流行为非常复杂,可以诱发很多的交通拥堵模式. 此外,两股车辆合流时不可避免的冲突经常会引发交通事故,严重阻碍高架道路主线和匝道上车流的通畅运行. 所以,如何科学合理地组织和协调合流处的交通,使主线和匝道上的车辆能够各行其道,成为引人注目的棘手问题. 在这种背景下,交替通行法则应运而生.

5.1　交替通行法则的制订和实施

目前,上海市高架道路交通在早晚高峰时段经常处于饱和甚至局部超饱和状态,68 个高架上匝道有近 30 个上行困难,拥堵现象较为严重.由于高架道路上匝道与主干线的合流处无信号灯控制,车辆自行合流时容易相互抢道,交通事故时有发生.据统计,2003 年 10 月上海市高架道路共发生交通事故 1 136 起,其中车辆违章变道造成事故 321 起,占 28.3%,而此类事故大部分都发生在上匝道合流处.

为了缓解高架道路上匝道合流处的拥堵状况,改善行车秩序、保障行车安全,根据《道路交通安全法》第四十五条"在车道减少的路段、路口,或者在没有交通信号灯、交通标志、交通标线或者交通警察指挥的交叉路口遇到停车排队等候或者缓慢行驶时,机动车应当依次交替通行"的规定,上海市公安交管部门确定了"先到先行、交替通行、主动礼让"的交通法则,并于 2003 年 12 月 18 日起初步试行.继《道路交通安全法》将"机动车应当依次交替通行"写入条文后,上海市是全国首个提前试行这一依次交替通行法则的城市.

车辆依次交替通行规则的实施,需要具备以下三个前提:① 两条车道的车流合并到一条车道;② 道路呈现排队等候或者缓慢行驶的拥堵状况;③ 没有交巡警在现场指挥.在满足这些条件的情况下,车辆必须在两条车道合流的交汇处实行"齿轮式"交替通行.实施车辆的依次交替通行,有利于改善道路交通秩序,减少变道可能造成的交通事故,提高车辆的通行速度,达到提高路段通行量的目的,同时可以使驾驶员逐步养成注意礼让、文明驾车的良好习惯.交替通行规则实际上是让行原则的具体体现,也是世界上大多数国家的道路交通惯例.在美国等发达国家,合流处车辆依次交替通行,如同行人走人行道一样,是交通参与者自觉遵守交通法则的普遍行为.

2003 年 12 月,上海市首次试行交通高峰拥堵时车辆依次交替通行的控制手段,试点的道路为延安高架南侧江苏路上匝道、内环高架内侧吴中路上匝道和内环高架外侧金沙江路上匝道 3 处. 该项措施实施两个多月后统计发现,驾驶员的遵守率达到 90% 以上,在交替通行的上匝道交汇路口没有发生一起交通事故. 为进一步推广依次交替通行措施,2004 年 3 月中旬,上海市又增加 5 个上匝道交汇点开始施行车辆依次交替通行措施,使得高架道路实行依次交替通行规则的上匝道达到 8 个.

交替通行规则的具体实施示意图如图 5.1 所示. 在上匝道与主干线两车道的合流处,通过地面漆划交替通行引导标线(即图中的"提示区域",长度约 100 米)、交替通行区域和设置交替通行告知牌(警方告知:交通拥堵时,车辆应依次交替通行)等方式,引导和指示车辆按"左侧车道—右侧车道—左侧车道"的顺序逐辆依次通行,达到 1:1 比例交替通行的目的. 当驾驶员驾车驶入需交替通行的匝道口时,按照地面交替通行起始线、引导标线和告知牌的要求,在交替通行区域按次序交替通行. 交替通行时,驾驶员需遵守"先到先行、交替通行,主动礼让"的原则,即先到达交替通行起始线的车辆有先行权;当两条车道的车辆同时到达交替通行起始线时,左侧车道车辆优先通过,右侧车道车辆随后通过. 图 5.2 表示了实行交替通行规则的上匝道与主干线合流处的现实情况,地面上的齿轮状引导标线清晰可见.

车辆依次交替通行的法则无疑是交通管理上的一大进步,体现了我国文明驾车和交通安全意识的增强. 本章从交通流建模的角度出发,利用描述车辆个体行为的元胞自动机模型,研究上匝道与主干线合流处在实施交替通行规则前后的交通状态,通过数值模拟给出这条新的交通法则实施后的效果,科学评价和论证依次交替通行规则的合理性和可行性,使这一规则的推广和应用具有更加坚实有力的理论基础.

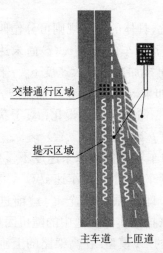

交替通行区域

提示区域

主车道　上匝道

图 5.1　交替通行规则具体
实施的示意图

图 5.2　实行交替通行规则的
合流处路况

5.2　交替通行规则的数值模拟及结果分析

本节中,我们利用确定性 FI 元胞自动机模型对上匝道合流处进行数值模拟,分别讨论了实行"车辆依次交替通行"规则前后的交通流状况,并对模拟结果进行了对比分析.

5.2.1　FI 元胞自动机模型

FI 模型作为一种一维元胞自动机模型,于 1996 年由 Fukui 和 Ishibashi 提出[94].它假设车辆随机地分布在长度为 L 的一维离散的格子链上,每个格子(即为元胞)最多只能由一辆车占据,$x_n(t)$ 和 $v_n(t)$ 分别表示第 n 辆车在 t 时刻的位置和速度,v_{max} 表示最大速度,则有 $v_n(t) \in [0, v_{max}]$;$gap_n(t) = x_{n+1}(t) - x_n(t) - 1$ 表示 t 时刻第 n 辆车与前方紧邻的第 $n+1$ 辆车的净间距;p 表示随机慢化概率.

FI 模型基于对 NS 模型[82]的简化,具体的更新规则可分作四个阶段:第一阶段为加速过程:如果第 n 辆车的速度 $v_n(t)$ 尚未达到 $v_{\max}$,不论其原来速度为多少,均可以直接加速到最大速度 $v_{\max}$;第二阶段是为了避免交通事故而设定的:如果 $v_n(t) > \mathrm{gap}_n(t)$,则 $v_n(t)$ 降至 $\mathrm{gap}_n(t)$ 从而避免与前车碰撞;第三阶段为随机慢化:对于获得最大车速 $v_{\max}$ 的车辆,其速度以概率 p 减小 1,即 $v_n(t) = v_{\max} \to v_{\max} - 1$,而其它没有达到最大速度的车辆则保持原来速度不慢化;以上三个阶段赋予每辆车(譬如第 n 辆车)一个新的车速 $v_n(t)$,第四阶段车辆以这一新获取的速度前进,即从原来位置 $x_n(t)$ 前进到 $x_n(t) + v_n(t)$. 随机慢化阶段主要用来描述实际交通中的随机因素,当概率 $P = 0$ 时,模型就成为确定性的 FI 模型. 在高架路的上匝道与主干线合流处,两股平行车流总是相互抢道,驾驶员各不相让,有以最大速度行驶的主观愿望,故本章中以 FI 模型为基础,对合流处进行了数值模拟和分析.

5.2.2 实施交替通行规则前的交通流状况模拟

高架道路的上匝道与主干道合流处示意图如图 5.3 所示. 假设高架道路单侧路面为两车道,即内车道和外车道. 上匝道车流在与高架路外车道车辆交汇时有较长的加速车道,长度大约近百米. 从上匝道驶入高架道路的车辆,要视主干线外侧车道车流中的适当间隙而进入、合流. 车辆合流时必然会影响高架路主线上车辆的正常运行,范

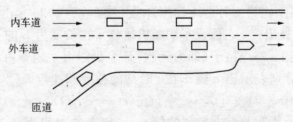

图 5.3　高架道路的上匝道与主干线合流处示意图

围波及合流处上下游的一段距离,称为合流区间.影响合流区间交通运行特性的因素主要是匝道车辆与主干线车辆的车速、车辆变换车道以及车辆间距等.

由于合流区间内上匝道来流对高架道路主干线交通的影响主要是在外车道上,因此我们可以忽略内车道,将上匝道与主干道合流处的状态简化为如图 5.4 所示.上匝道车辆行驶到加速车道后,会判断相邻的主干道上前车与后车的具体位置,然后根据间距大小而选择是否进行合流.我们考虑包含上匝道的局部高架路段,所考察的主干道长度为 500 米,将其等分为 100 个格子(即为元胞),每个格子的长度为 5 米,这样选取格子长度是虑及高架路上的车辆限速大多为 80 km/h 的缘故.假设上匝道长度为 50 个格子;加速车道占据 10 个格子,与考察路段的第 51~60 个格子相平行.我们假设主干道和上匝道的车辆具有相同的最大速度 $v_{\max}$.

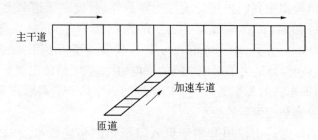

主干道

加速车道

匝道

图 5.4　上匝道与主干道合流处的简化图

由于上匝道合流处的加速车道长度有限,同时考虑到实际的交通运行情况,对于主干道上的来流,我们不允许其换道至加速车道,车辆只能沿着主干道行驶,位置按照单车道确定性 FI 模型的规则进行更新,运行状态比较简单;对于上匝道的车辆,在匝道上按照确定性 FI 规则更新位置,当行驶到加速车道后必须在有限的长度内换道至主干道,因此需要确定合理的换车道规则:假定由上匝道行驶到加速车道上的车辆标记为 1 车,其位置和速度分别为 x_1 和 v_1,与 1 车相对应的主干道平行位置上的后车和前车分别标记为 2 车和 3 车,位置和速度亦用 x、v 来表示. 如果 1 车满足如下条件:$x_1 \geqslant x_2$ 且 $gap_{13} = x_3 - x_1 - 1 > 0$,它就会以概率 $p_1 = p_{exchange}$ 变换车道至主干道,$p_{exchange} < 1$ 是指由于驾驶员的心理状态和行驶习惯各不相同,满足上述条件的车辆不一定全部换道,为简单起见,我们在文中取 $p_1 = p_{exchange} = 1$. 如果不满足换道条件,车辆在加速车道上按照确定性 FI 模型的规则更新位置,当到达加速车道尾端最末格子时车辆就在原地等候,直到满足上述条件时换道至主干道. 由于加速车道上车辆的换道动机强烈,所以只要满足 $x_1 \geqslant x_2$ 条件,车辆就会暗示旁边主车道上的后车它在准备换道;但是换道必须符合相应的间距条件,即换道车与旁边主车道上的前车之间有空当,满足 $gap_{13} > 0$. 加速车道的车辆换道后,会同主干道上的车辆一起按照确定性 FI 模型的规则继续向前行驶.

数值模拟中我们采用开放性边界条件,假设主干道和上匝道的入流条件相同,即一辆速度为 v_{max} 的车以概率 p_2 进入元胞{max(round(min(v_{max}, x_l) · rand(1)), 1)},其中 x_l 为车流中最后一辆车的位置,rand(1)是为了保证来流的不均匀性. 主干道的出流条件为自由出流,即车流的头车到达主干道尾端的最末格子后将驶出系统,紧邻的下一辆车成为新的头车.

我们以通过上匝道和主干道入口断面的车辆数来表示入流流量,分别标记为 q_{in1} 和 q_{in2},通过主干道出口断面的车辆数标记为出流流量 q_{out}. 分别选取 $v_{max} = 2, 3, 4$,可以得到 q_{in1}、q_{in2} 和 q_{out} 随入流概率 p_2(p_2 分别取 0.1,0.3,0.5,0.7,0.9)的变化情况. 由于 v_{max} 取值不同时各条曲线的性质基本相似,所以不失一般性,选取 $v_{max} = 3$ 时的流量曲线如图 5.5 所示. 由图可见,随着 p_2 的数值的增大,即上匝道和主干道上的来流车辆逐渐增加,由于可以及时地变换车道,上匝道的入流流量呈不断增大的趋势. 主干道车流在两个车道上的来流车辆不太多时($p_2 = 0.1, 0.3$),入流流量也会不断加大;但是随着来流车辆数目增多,由于越来越多的上匝道车辆变换车道后并入,使得主干道上游的车流行驶比较困难,入流流量持续下滑,当 $p_2 = 0.9$ 时,主干道上的入流流量降至不足 200 veh/h,几乎呈堵塞状态. 从出流流量来看,当主干道和上匝道的来流车辆数目不多时,出流流量会随着 p_2 的增大呈增长趋势,但当 $p_2 = 0.5, 0.7, 0.9$ 时,出流流量却完全相同,表明主干道出口断面处已经达到饱和状态,增加来流车辆的数目不会对通行能力产生任何影响. 由上面的分析可以得出,上匝道来流车辆的频繁换道对高架路主干道交通会造成很大影响,尤其在主干道和上匝道的来流车辆较多时,可能导致主干道交通的严重不畅. 针对这种状况,考虑在上匝道与主干道的合流处实施交替通行规则.

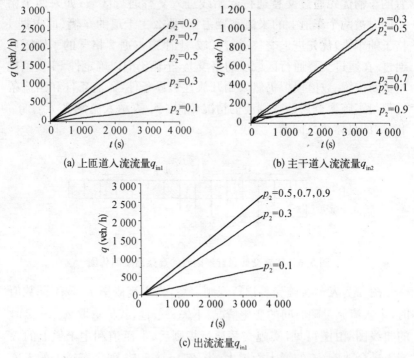

图 5.5 $v_{max} = 3$,p_2 取值不同时,出入流流量随时间的变化曲线图

5.2.3 实施交替通行规则后的交通流状况模拟

交替通行规则的具体实施办法前面已经作了详细阐述. 为了对实行该规则后的交通流状况进行数值模拟, 我们将图 5.1 中的示意图转化为图 5.6 所示的考察路段. 主干道长度为 100 个格子, 上匝道占据 50 个格子, 每个格子长度为 5 米. 图中阴影部分的格子对应交替通行区域, 根据"先到先行、交替通行、主动礼让"的原则, 可以将主干道和上匝道来流车辆的交通状态作如下描述: 主干道和上匝道两个平行车道上的来流, 具有相同的最大速度 v_{max}, 均以确定性 FI 模型规则更新车辆位置. 1 和 2 是两个关键格子, 两个车道先到达 1(或者 2)位置的车辆优先通过交替通行起始线进入交替通行区域; 如果两个格子同时被两个车道上的来流车辆占据, 那么主干道的车辆(即占据 1格子的车辆)优先进入交替通行区域, 上匝道占据 2 格子的车辆随后通过. 在通过交替通行区域后的路段上, 车辆仍旧以确定性 FI 模型规则更新位置. 数值模拟仍然采用开放性边界条件, 入流条件和出流条件都与实施交替通行规则前的情况相同. p_2 表示入流概率, q_{in1}、q_{in2} 和 q_{out} 的具体含义同前.

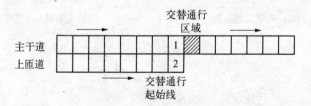

图 5.6 实施交替通行规则时的高架路段简化图

图 5.7 表示实施交替通行规则以后, 当入流概率 p_2 取不同数值时, 出入流流量随时间的变化情况. 不失一般性, 我们选取 $v_{max} = 2$ 时的曲线图. 由图可见, 实施交替通行规则后, 上匝道和主干道上的入流流量会随着 p_2 的增大而增大, 当 $p_2 \geqslant 0.5$ 时, 两个车道上的入流均趋向稳定, 不再随着入流概率的变化而发生变化; 与实行交替通行

规则前相比,主干道的入流流量大大增加,说明高架路上的交通状况得到很大改善.同时还发现,主干道和上匝道的入流流量数值几乎完全相等,说明交替通行规则兼顾到两股平行的来流,体现了公平和平等,实现了 1∶1 交替行驶的目的.

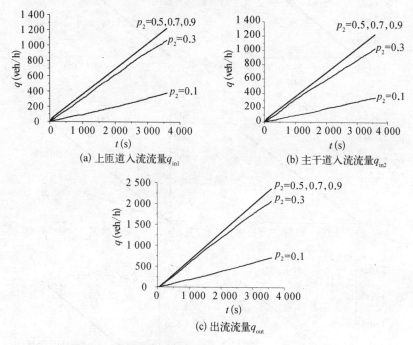

(a) 上匝道入流流量 q_{in1}

(b) 主干道入流流量 q_{in2}

(c) 出流流量 q_{out}

图 5.7　实施交替通行规则后,$v_{max}=2$,p_2 取值不同时,
出入流流量随时间的变化图

5.2.4　两种情况下的比较

为了直观地比较实施交替通行规则前后的效果,我们绘制了如图 5.8 所示的一组流量曲线,其中 compete 指存在加速车道车辆换道时的情况,gear 指实行交替通行规则时的情况,(a)(b)(c)分别表示入流流量 q_{in1}、q_{in2} 和出流流量 q_{out}. v_{max} 取值不同时各条曲线的性质基本相似,所以不失一般性,选取 $v_{max}=3$. 由图可见,当 p_2 分别取 0.3 和

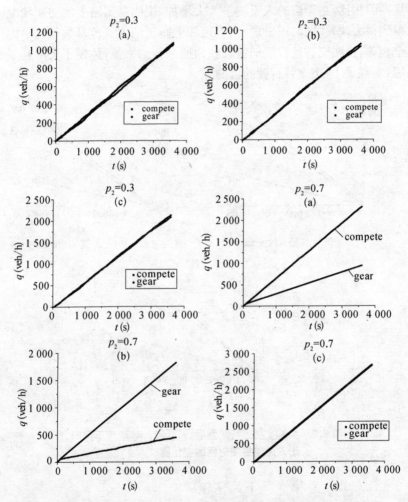

图 5.8 p_2 分别取 0.3 和 0.7 时,实施交替通行规则前后的流量变化图

0.7 时,出入流流量的变化情况完全不同. 当入流概率 $p_2 = 0.3$ 时,来
流车辆数目不多,加速车道上的车辆可以非常顺利地换道至主干道,
实施交替通行规则对主干道和上匝道的交通影响不明显,所以在实
施前后出入流流量数值基本没有变化. 当 $p_2 = 0.7$ 时,由于来流车辆

数目增多,上匝道合流处两股平行的来流争先恐后地合并,此时实施车辆的交替通行规则,使得主干道和上匝道两股车流运行有条不紊,消除了由于上匝道车辆强行换道造成的主干道交通的拥塞,使高架路上的入流流量大大增加;而上匝道车辆由于遵守依次有序通行的规则,且其优先级低于主干道,所以在实施交替通行后入流流量有所下降.因此,当高架路主干道和上匝道的来流车辆较多时,实施交替通行规则进而改善高架道路交通情况的效果非常显著.反之,当主干道和上匝道的来流较为稀疏时,实施交替通行规则对高架道路的交通状况几乎没有影响.这恰恰印证了前面论及的实施依次交替通行规则需要具备的三个前提之第二点"道路呈现排队等候或者缓慢行驶的拥堵状况"时方可应用.我们对实行交替通行规则的上匝道合流处进行实际观测后发现,当交通流处于或近似于畅行状态时,这一规则的确不起作用.

对实施交替通行规则后的情况进行数值模拟时发现,v_{max} 取不同数值,主干道和上匝道的出入流流量表现出不同特征.图 5.9 和图 5.10 分别给出了 $v_{max} = 3$ 和 $v_{max} = 4$ 时的入流流量变化情况,$v_{max} = 2$ 时的入流流量变化如图 5.7 所示.由这些图形可以看出,当 v_{max} 取值为 2 或 4 时,上匝道和主干道的入流流量几乎完全一致,说明两股平行车流基本实现了 1∶1 比例的交替通行行驶.而 $v_{max} = 3$ 时的情况

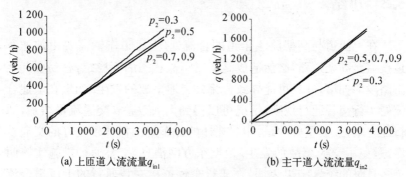

(a) 上匝道入流流量 q_{in1} (b) 主干道入流流量 q_{in2}

图 5.9 实施交替通行规则,$v_{max} = 3$ 时,入流流量随时间的变化曲线图

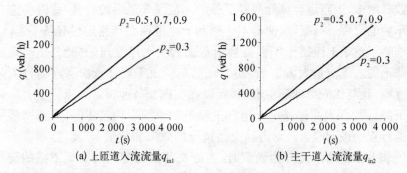

(a) 上匝道入流流量q_{in1} (b) 主干道入流流量q_{in2}

图 5.10 实施交替通行规则，$v_{max} = 4$ 时，入流流量随时间的变化曲线图

比较特殊，当入流概率 p_2 较小时（$p_2 = 0.3$），两股车流比较容易实现 1：1 比例的交替通行，当入流概率 p_2 较大时（$p_2 = 0.5, 0.7,$ 0.9），主干道的入流流量大致是上匝道入流流量的两倍，说明两股平行车流基本按照 2：1 的比例交替通行．由此可见，当高架路主干道和上匝道的车流速度较大或者较小时，即当车流处于较为畅通和比较拥堵的状态时，两股车流比较容易实现 1：1 比例的交替通行；而当车流均以中等速度行驶时，由于主干道车辆的优先级较高，所以很容易形成两股平行车流 2：1 交替行驶的局面．

5.3 小结

在上匝道与高架路主干道的合流处，上匝道车辆需要由加速车道换道至高架道路，必然造成高架路车流状态的不稳定，容易引起上游路段的拥堵，并且可能导致合流处交通事故的发生．如果在上述合流处实行交替通行规则，情况可以得到大大改善：交通流量增加，通行能力增强．更重要的是，相互礼让的行车规则保证了良好的交通秩序，避免了交通事故的发生．根据东方网消息，交替通行措施实施两个多月时的统计结果表明，在实行车辆依次交替通行的上匝道合流处没有发生一起交通事故．

　　为了研究实施交替通行规则前后的交通流状况,我们利用确定性的FI元胞自动机模型对上匝道合流处进行了数值模拟,结果表明,当高架路主干道和上匝道的来流车辆较多,即交通处于比较拥挤的状态时,实施交替通行规则可以大大改善高架道路交通;但是当交通比较通畅时,实施交替通行规则前后交通状况基本不发生变化.由模拟得到的入流流量来看,当车流处于较为畅通或者比较拥堵的状态下,主干道和上匝道的两股平行车流比较容易实现1∶1比例的交替通行;而当车辆中速行驶时,更容易实现两股车流2∶1交替行驶的局面.

　　文中仅对高架路上匝道与主干道合流处的情况进行了数值模拟与分析,我们可以将交替通行规则的应用扩展到隧道或者地面道路的部分交叉口处,只要符合"两条车道的车流合并到一条车道"的道路条件,当车流处于拥堵状态时均可以实施交替通行规则,甚至可以考虑在冲突严重的交织区处实施交替通行.

第六章 高架道路交织区的 交通流分析

如前所述,高架路、匝道和地面道路三者之间存在着非常密切的关系,前面几章已经讨论了地面道路交通对匝道出流的影响,上匝道实行定时调节方案以及合流处实施交替通行规则等内容,本章关注高架道路上的另外一类交通问题:当高架道路的两个相邻匝道距离较近,即在一个上匝道的下游不远处紧接着是一个下匝道时,由于部分车辆的强迫交换车道行为集中在非常有限的长度范围内进行,使得车流呈高度紊乱状态,会造成该路段的实际通行能力严重下降. 我们从微观建模的角度出发,通过数值模拟分析这种路段上的交通流行为,并讨论不同的结构参数和交通流量对交通状况所产生的影响.

6.1 高架道路交织区问题的提出和研究现状

城市高架道路的某些路段含有上、下匝道,示意图大致如图 6.1

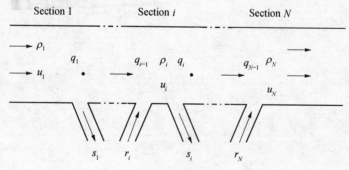

图 6.1 城市高架道路的路段组成示意图

所示. 有些路段仅包括一个上匝道(如 Section *N*)或者一个下匝道(如 Section 1). 有一种路段非常值得关注: 上下匝道之间的间距相当小, 形成了交通冲突区, 我们将其称为交织区. 这类交织区的示意简图如图 6.2 所示.

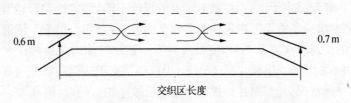

图 6.2　上下匝道相距较近时形成的交织区简图

同一运行方向上的两支或者多支交通流, 沿着一定长度的路段, 合流后又分流, 互相交叉着行驶的现象称为交织. 交织区长度是指合流三角区端部至分流三角区端部之间的距离, 确切地说, 该长度是从汇合三角区上一点, 即从外车道右边缘至上匝道左边缘的距离为 0.6 m 的那一点, 至分离三角区外车道右边缘至下匝道左边缘距离为 0.7 m 的点的距离, 如图 6.2 所示. 当交织区长度极短时(小于 30 米), 交织区段相当于无信号控制的交叉口; 反之当交织区长度很大时, 则又相当于一般路段变更车道现象. 需要指出的是, 在合流点与分流点之间必须有辅道连接, 否则不能称为交织区, 而将其视为分离的单个合流区和分流区处理.

交织路段的作用是提供驾驶员实行车道变换进而完成多种交织运行所必需的空间, 所以有限的交织长度迫使驾驶员在一定时间和空间范围内必须完成所要求的车道变换. 当其它因素不变时, 减小交织长度将导致车道变换频繁和增加车流的紊乱程度. 由于交织运行受到车道变换的极为不利的影响, 因此换道成了交织区的主要运行特征. 频繁地更换车道和车辆之间复杂的相互作用, 使交织路段经常成为高架道路的交通瓶颈.

上海市高架道路系统存在着多个上面所描述的交织区路段, 我们拍摄到了南北高架路威海路附近局部路段的照片,该路段东西两侧都存在着典型的交织区,两个相邻匝道之间的距离仅为 100 m,上匝道和下匝道的车辆在这个非常有限的长度空间里汇合、交叉然后分流,致使该路段的交织运行特征非常明显,交通高峰时段很容易形成"多方抢道"的拥堵状况:上匝道来的入流车辆排成长队,个个"跃跃欲试"地准备挤入高架路主干道,而意欲下匝道的出流车辆则需"排除万难",才有可能"冲出一条血路". 当这种冲突和交织愈演愈烈时,由于车辆追尾而造成的交通事故屡见不鲜,使得高架道路系统整体的交通延误大大增加. 图 6.3 中的一组照片(a)(b)(c)(d)反映了交织区路段在交通高峰时段的交通状况,几张照片是按照时间先后顺序拍摄的. 从图 6.3(a)可以

图 6.3　南北高架威海路附近的交织区段的交通状况

看到高架路段上存在着明显的交织区,大致路况尽收眼底;图 6.3(b)清晰地拍摄到了上下匝道车辆的交织运行行为,尽管此路段交通已经较为拥挤,但借助于辅道,交织行驶的车辆尚能有条不紊地通行;但伴随着交通拥塞波向高架路上游路段的传播,上匝道车辆无法顺利地并入高架路主线,合流受阻致使上匝道来流在交织区段排成长队,此时下匝道的车辆很难"突出重围",图 6.3(c)所示即为这样的一幅画面;由于车流运行严重受阻,交织区的车辆越聚越多,追尾和碰撞实属难免,图 6.3(d)显示一场由此产生的交通事故,圆圈中的驾驶员们正在处理事故善后,诸如此类的交通事故致使该路段的交通状况更加恶化.这几张照片反映的交织区问题非常典型,在城市高架道路系统中类似设计并不少见.对这类由于上下匝道距离较近而形成的交织区问题进行研究和分析,找出交织区长度和交织流量等参数对交织运行所产生的影响,进而指导工程规划和设计正是本章的研究目的.

由于交织区的交通行为通常比较复杂,并且对其研究具有非常重要的现实意义,因此引起了国内外不少学者的兴趣和关注,他们从不同角度对各类交织区问题开展研究,并取得了很多成果.文献[171]综述了国内外道路交织区运行分析的研究过程和成果,并对现有的各种分析方法进行了评价.文中指出:一些研究结果表明,密度用于评价交织区运行状况和服务水平优于速度指标.陈小鸿等人[172]利用微观仿真系统 VISSIM 对立交交织区的交通特性进行研究,并将所得结果与 HCM(Highway Capacity Manual,美国道路通行能力手册)经验公式的计算结果进行对比,表明其研究成果具有一定的可靠性.文献[173]着力于分析交织区内每辆车的行为,数值模型包括三个基本方程,涉及向前行驶行为,跟驰行为和停止前进行为,并且分析了容易发生在交织区段的车道变换和刹车等行为,指出"有控制手段"比"没有控制手段"时车辆的行为顺畅. Kwon E. 与 Michalopoulos P.[174]提出了一种基于 PC 机的高速公路宏观模拟模型 KRONOS,可以比较准确地模拟上下匝道和交织区的交通行为,模型可以用来处理长度为 32 km、拥有 8 条车道的高速公路路段.高阶连续模型在用于分析高速公路匝道附近的交通时,经常需要引入交通摩擦项. 在前人提出的三种表达式的基础上,文献[175]发展了一种新的交通摩擦项形式,并与前人的工作进行了比较. 此外,文中还对数值模拟方法进行了改进,提出了基于 Riemann 问题的流通量差分分裂法. 利用改进的模型和计算方法,得到的计算结果与实测结果差异较小. 文献[176]提出了一种实时的车辆追踪系统,它能够在很多复杂情况下稳定运行,可以提供交织区段的交通数据. 利用可视相机拍下的每一辆车,系统可以给出车辆位置和速度的信息,对于车型庞大的车辆,系统尚无法给出准确信息. 基于间隙接受理论和线性优化方法,文献[177]发展了对匝道交织区的通行能力进行评价的新方法,同时指出评估交织区通行能力的主要困难是通行能力会随着交织流量和非交织流量的比例而发生变化. Thomas F. G. 等人[178]根据实际的交通事故数据,对三种不同的交织区类型对应的交通事故进行了研究. 研究表明,三种类型的交织区在总体的交通事故率上几乎没有差别;但在交通事故的类型、发生地点、引起事故的原因和易发生事故的时间段等方面都迥然不同. 利用回归分析和神经网络理论,文献[179]提出了两种交织区段的通行能力预估模型,与线性回归分析相比,神经网络技术可以获得更好的预测结果和范围更广的普适性.

作为一种离散性微观模型,元胞自动机模型关注交通流中个体车辆的运动状态,可以方便灵活地修改其更新规则,从而适应各种实际的交通条件和状况. 为了细致刻画并对高架道路上的交织运行行为进行研究,我们选用一维的元胞自动机模型进行交织区段的数值模拟,设置合理的车道变换规则,分析交通流量、交织车辆的比例以及交织区长度等参数对交织路段交通的影响,为高架道路系统的规划与设计提供理论指导.

6.2 交织区问题的数学建模

本节中,我们对交织区问题进行适当简化,建立合适的数学模型,并选定合理的参数以便进行数值模拟. 考虑到交织区路段的车流呈高度紊乱状态,车辆几乎无法按照期望速度行驶. 所以,单个车辆状态的更新和演化,我们选用可以逐步加速的 NS 元胞自动机模型.

6.2.1 NS 元胞自动机模型

NS 模型由 Nagel 和 Schreckenberg[82]于 1992 年提出,目前已经得到了非常广泛的推广和应用. 第一章中,我们曾给出了该模型的详细演化规则,这里作简要概述. 假定车辆随机地分布在一维离散的格点链上,速度 $v_n \in [0, v_{max}]$,v_{max} 表示最大速度. 模型考虑了车辆加速、减速、随机慢化和位置更新四个过程. 第一阶段为加速:只要车辆速度没有达到 v_{max} 就增加 1,即 $v_n \to v_n + 1$;第二阶段为减速过程:如果 $v_n > gap_n$,则 v_n 降至 gap_n 从而避免与前车碰撞,gap_n 为第 n 辆车与相邻前车的净间距;第三阶段为随机慢化:车速 v_n 以概率 p 降低 1,即 $v_n \to v_n - 1$,p 为随机慢化概率,这样做是考虑到驾驶员的过度反应并且增加安全性;第四阶段为位置更新:车辆以新获取的速度 v_n 向前更新位置.

6.2.2 交织区问题的数学模型和具体规则

交织区问题,实际上是在相对固定的位置处车辆交换车道的问题,也就是说,上下匝道的车辆必须在交织区的有限长度内变换车道,然后到达各自的目标方向. 为了便于对交织区段进行模拟和分析,我们将图 6.2 中的交织区简化为图 6.4 所示的示意图. 中间的交

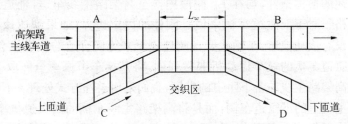

图 6.4　高架道路交织区段的示意图

织区段包含两条车道,左边为高架道路主线的最外侧车道,右边是上下匝道连接形成的辅道,这里仅考虑了高架路主线为单车道的情况.

为了表述的方便,我们将高架路主线车道上交织区的上游和下游分别记为路段 A 和 B,上匝道和下匝道分别记为 C 和 D. 为了保持两条车道的对称性,在模拟计算时我们把路段 A、B、C、D 的长度均取为 500 米,等分为 100 个格子(即为元胞),每个元胞的长度为 5 米. 交织区段的长度为 L_w 个元胞,上匝道来的车辆和高架路主线下匝道的车辆在这个有限的长度里合流、交汇. 在交织区段,上匝道车辆换至主线车道,主线上的下匝道出流换至辅道,两个方向上的换道行为都要遵循相应的换道条件;在交织区以外的其它路段(如 A、B、C、D 段),车辆的位置按照单车道 NS 模型的规则进行更新.

交织区段内的车道变换属于强制性换道,因此换道条件比较简单:只要"有机可乘",换道车辆会"见缝就钻". 如第一章中所述,在双车道模型的位置更新过程中,每个时间步可以划分为两个子时间步:第一个子步,车辆根据是否满足换道条件平行地更换车道;第二个子步,车辆像在单车道一样按照 NS 模型规则更新位置. 我们假设意欲换道的车辆位置为 x_1,目标道上前车和后车的位置分别为 x_2 和 x_3. 如果 1 车满足如下条件:$\text{gap}_{12} = x_2 - x_1 - 1 \geqslant 0$ 且 $\text{gap}_{13} = x_1 - x_3 - 1 \geqslant 0$,它就会以一定的换车道概率变换车道. 这两个条件的联立表明,只要目标车道平行位置的格子没有被任何车辆占据,1 车就会以一定的概率变换车道,然后像在单车道一样按照模型规则更新位置.

对于上匝道来流,车辆的换道进行强制性处理:所有车辆只要符合上述的换道条件,均在 L_w 路段内换至高架路主线车道,辅道最右端的格子对于上匝道车辆来说是刚性的固定边界,如果到达该格子时还没有成功换道,车辆就要在此处停下来等候合适的换道机会. 所以上匝道车辆的换车道动机非常强烈,将其换车道概率全部取为 1. 对于高架路主线准备下匝道的车辆,我们采用柔性方式处理:不事先标记主线上的下匝道车辆,而是将高架路主线车辆的换车道概率 p_{ex} 取为小于等于 1 的数值,利用 p_{ex} 的大小来调节下匝道出车的比例:

p_{ex}越大,表示变换车道的车辆越多,主线下匝道车辆的比例也越大. 这样做是因为我们考虑到所研究的高架路主线假设为单车道,如果对主线下匝道的车辆作如同上匝道车辆一样的刚性边界处理,当下匝道车不能顺利换至辅道时,会在主线车道的交织区尾端停下来等候,阻止主线上直行车辆的通行,这种情况不太符合交通实际,因为现实中的直行车辆通常可以绕行换道至高架路主线的内侧车道继续行驶. 对于此处经过简化的高架路主线单车道情况,我们对下匝道车辆的换道进行上述柔性处理能够较好地还原现实情况.

模型中我们采用开放性边界条件,假设高架路主线车道和上匝道的入流条件相同,即一辆速度为v_{max}的车以入流概率α和β分别进入主线车道和上匝道的元胞$\{\max(\min(floor(v_{max} \cdot rand(1)), x_l), 1)\}$,其中$x_l$为车流中最后一辆车的位置,rand(1)是为了保证来流的不均匀性. 高架路主线车道和下匝道的出流条件为自由出流,即车流的头车到达尾端的最末格子后将驶出系统,紧邻的下一辆车成为新的头车.

如前所述,模拟中将路段A、B、C、D都划分为100个元胞,交织区路段为L_w个元胞. 我们取高架路主线车道上车辆的最大速度$v_{max} = 3$,上匝道、下匝道和辅道上车辆的最大速度$v_{max} = 2$. NS模型的随机慢化概率为p. 主线车道车辆的换车道概率为p_{ex}. 实际模拟中,每一次运行取25 000个时间步进行数值模拟,开始的5 000个时间步不进行统计,以便消除暂态的影响,我们利用20 000个时间步内通过一个虚拟探头的车辆数来确定交通流量的数值.

6.3 数值模拟结果与讨论

结合实际拍摄到的交织区路段情况(如图6.3所示),我们在数值模拟中将交织区段的长度L_w取为20个元胞,即合实际长度百米. 取随机慢化概率$p = 0.2$. 主线车道和上匝道的入流概率分别为α和β.

相图以入流流量的临界相变点来区分各个相区,能够给出整个

系统的宏观信息,直观地反映交通流的组织情况. 在图 6.5 中,我们给
出了 p_{ex} 不同时以 (α,β) 为相空间的相图. (a)(b)(c)(d)分别对应着
$p_{ex} = 0, 0.2, 0.4$ 和 1.0 时的情况. $p_{ex} = 0$ 表示所有的主线车辆不
变换车道,全部直行,此时下匝道车辆数为 0. $p_{ex} = 1.0$ 表示主线上
的车辆只要满足换车道条件,就会在交织区段变换车道至辅道,然后
进入下匝道行驶. $0 < p_{ex} < 1$ 时,主线上的车辆即便满足换车道条
件,也会按照相应的概率确定是否变换车道. 相图包含了四个相区:
在 I 区内,主线 A 车道和上匝道 C 段上均为自由流;在 II 区中,上匝
道变为了拥挤状态,而主线 A 车道仍为自由流状态;III 区中,主线 A
车道为拥挤流状态,而上匝道 C 段上是自由流;在 IV 区中,主线 A 道
和上匝道 C 段上的车辆都处于拥挤流状态. 从图 6.5 可以看出,当其

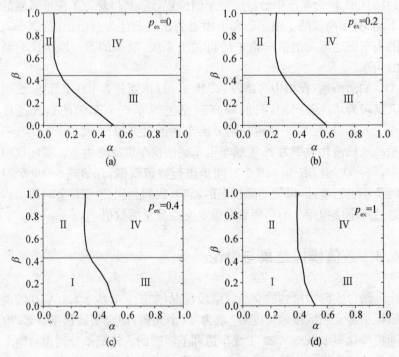

图 6.5 $L_w = 20$, $p = 0.2$ 时,不同的 p_{ex} 下系统的相图

它条件固定不变,仅换车道概率 p_{ex} 由 0 增大时,相图的 Ⅱ 区逐渐扩大,Ⅲ 区有所减小. 表明随着 p_{ex} 的增大,由主线车道向下匝道方向行驶的车辆数目增多,这些车辆的变换车道恶化了辅道上的交通状况,进而向上游传播到上匝道,使上匝道很容易发生拥挤,导致 Ⅱ 区的扩张;由于上匝道车辆的换车道概率恒为 1,图 6.5(a)(b)(c)(d) 中由上匝道换道至主线的车辆数目不会有突变,所以伴随着 p_{ex} 的增大,主线向下匝道方向驶出的车辆增多,直行车辆会相应减少,从而适当改善了主线的拥挤状况,Ⅲ 区随之减小.

下面我们选取极端情况来进行对比分析,即 $p_{ex}=0$ 和 $p_{ex}=1$ 两种情况. 前者对应主线上无下匝道车辆,在交织区段不存在交织行为,只有上匝道车辆并入高架路主线车道的合流行为;后者对应两个方向上非常频繁地换车道所导致的大量交织行为. 图 6.6 表示了两种情况下,上匝道的入流流量随入流概率的变化关系图. 我们假定所有考察点主线车道和上匝道的入流概率都相同,即 $\alpha = \beta$ 作为横坐标,它表征了可能进入系统的车辆数目的大小. 纵坐标是上匝道的实际入流流量. 从图中可以看出,当入流概率较小时(小于 0.4),两组数据曲线基本重合,说明交通流比较稀疏时,交织行为对系统的影响作用几

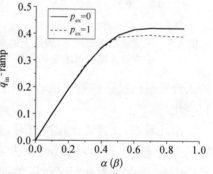

图 6.6 不同换车道概率下,上匝道入流流量随入流概率的变化曲线

乎体现不出来. 此时,随着入流概率的增大,上匝道的实际入流流量会线性增长,说明交通流的状态比较稳定. 但是,当入流概率较大时(大于 0.4),来流车辆越来越多,此时上匝道的实际入流量基本保持不变,说明上匝道已经达到了最大通行能力. 比较两组曲线,在同样的入流概率时,p_{ex} 从 0 变化到 1,上匝道的实际入流量降低,通行能力下降. 这说明随着 p_{ex} 的增大,高架路主线下匝道的车辆增加,两个方

向上的车流交织非常频繁,导致上匝道车辆的入流受阻,入流流量下降. 这说明当交通流比较拥挤时,交织区段的车辆交织行为会对系统的交通流状况产生不良影响.

与上图相对应,我们还绘制了不同换车道概率下,辅道上的车流密度随入流概率的变化曲线图,如图 6.7 所示. 由该图可以看出,当主线上的换车道概率 p_{ex} 从 0 变化到 1 时,辅道上交织区段的车流密度急剧增加,说明主线下匝道车辆的增多会严重恶化交织区段的交通状况. 两组曲线的密度差值随着入流概率的加大而增长,表明交通流越拥挤,交织行为对辅道上的交通状况影响越剧烈. 当入流概率大于 0.4 时,由于上匝道

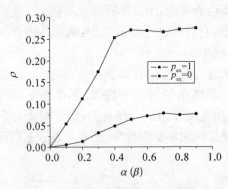

图 6.7 不同换车道概率下,辅道上的车流密度随入流概率的变化曲线

的入流流量已经达到最大值,辅道上交织区段的车流密度也基本不再变化.

由此看来,交通流比较拥挤时,交织区段车流的交织行为会对总体的交通流状况产生不良影响. 为了从工程设计上避免和削弱这种负面影响,我们考察交织区长度的变化对交通流状态的影响. 选取交织区段所对应的元胞个数 L_w 分别为 10,20,40,60,80,100 几种情况来进行对比研究. 模型的随机慢化概率 $p = 0.2$.

我们设定主线车道的换车道概率 $p_{ex} = 0.2$,绘制了几种不同的入流概率下,系统的交通流参数随交织区长度变化时的一组关系曲线,如图 6.8 所示. 我们仍然假定几种情况下主线车道和上匝道的入流概率都相同,即 $\alpha = \beta$,图 6.8(a)(b)(c)(d) 对应的入流概率分别为 $\alpha = \beta = 0.1$,$\alpha = \beta = 0.3$,$\alpha = \beta = 0.5$ 和 $\alpha = \beta = 0.7$. 由图 6.5(b) 所示的相图可知,四种入流概率下对应的系统状态有所不同,前两者

位于 I 区内,交通流处于自由流状态;后两者位于 IV 区内,交通流呈拥挤状态.

图 6.8 中的各组图形表示了不同交织区长度下交通流参数的变化趋势. 参数包括下匝道 D 段的出流流量 q_D,主线车道交织区段上的密度 ρ_{L_w} 以及主线车道 B 段上的密度值 ρ_B. 由这些图形可以看出:当 $\alpha = \beta = 0.1$ 时,匝道和主线上都属于自由流,车辆可以比较通畅地运行. 此时,交织区长度发生变化,对各个交通流参数的影响不大. 当 $\alpha = \beta = 0.3$,交织区段的长度 L_w 由 10 递增至 100 个元胞时,下匝道的出流量越来越大,表明在其它条件完全相同的条件下,交织区段加长,主线下匝道的车辆更容易完成变换车道的行为,顺利换道使得下匝道 D 段上的出流流量有所增加;与此同时,加长交织区段,主线上

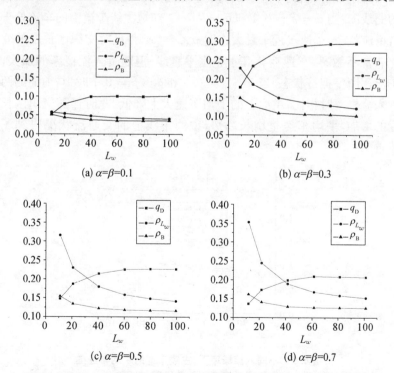

图 6.8 不同入流概率下,系统交通流参数随交织区长度变化的曲线图

的交织段密度和下游B段的密度都呈下降趋势,说明主线上的交通流状况得到了改善. 当 $\alpha = \beta = 0.5$ 和 $\alpha = \beta = 0.7$ 时,由对应的相图可知,此时匝道和主线上的车流比较拥挤,与 $\alpha = \beta = 0.3$ 的情形做比较,相同的交织区长度所对应的下匝道出流流量下降,主线上交织区段和下游的密度增大. 从各条曲线的走势来看,图 6.8(c)(d)中交织区长度的变化对系统交通流的影响作用更加显著,尤其在交织区段的密度曲线上反映最为明显. 随着交织区长度增加,主线上交织区段的车流密度大大降低. 表明在交通高峰时段交通流比较拥挤时,增大交织区长度可以明显改善交织区及其附近路段的交通流状况.

这一点我们还可以在图 6.9 中得到佐证. 图 6.9 所示的是上述几种入流概率下,主线车道全线上的平均速度 V 随交织区长度 L_w 变化的曲线图. 当 $\alpha = \beta = 0.1$ 和 $\alpha = \beta = 0.3$ 时,主线车道上的车流处于自由流状态,车速接近于最大速度 $v_{\max} = 3$,并且对交织区长度的变化非常不敏感,车速变化几乎呈水平直线;但随着入流概率的加大,车流逐渐呈拥挤状态,当 $\alpha = \beta = 0.5$ 和 $\alpha = \beta = 0.7$ 时,与前面的两种入流概率时相比,主线上的平均车速大大降低. 此时伴随交织区长度的增加,平均车速呈增长趋势,说明主线上的交通流状况得到了改善.

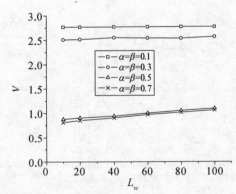

**图 6.9　不同入流概率下,主线车道的平均车速随
交织区长度变化的曲线图**

从图 6.8 得到的各组图形中,我们还可以看到,交织区长度对系统交通流的影响并不呈线性变化. 当交织区长度 $L_w < 40$ 时,长度的增加对各个交通流参数的影响作用明显,该段曲线的斜率较大;当交织区长度 $L_w > 40$ 时,交通流参数对于长度的继续增大反应并不敏感,该段曲线的走势趋向平直. 由此看来,如果我们选取交织区段的长度为 $L_w = 40$ 个元胞,即实际的路段长度为 $40 * 5 = 200$ 米时,无论车流处于畅通或是拥挤状态,下匝道出流流量、交织区段及其下游密度等交通流参数都表征系统处于较好的运行状态. 所以,交织区长度并非越长越好,可以选取一个比较适宜的中间数值,整个系统就可以获得很好的运行效果.

6.4 小结

当高架道路的两个相邻匝道距离较近,即在一个上匝道的下游不远处紧接着是一个下匝道时,就构成了高架道路上的交织区. 由于频繁地更换车道和车辆之间复杂的相互作用,使交织路段经常成为高架道路的交通瓶颈.

我们首先对上海市高架道路上的部分交织区段进行了实际观察,捕捉到了交织行为的运行特征. 以 NS 元胞自动机模型为基础,我们考察并研究了高架路主线为单车道时的交织区路段. 数值模拟中引入合理的换车道条件,利用高架主线车道上的换车道概率来调节下匝道出流的比例,并对上匝道车和下匝道车分别采用刚性和柔性的边界条件进行处理. 模拟结果表明:

(1)当交通流比较稀疏时,交织区段的交织行为对系统的交通流影响不大;当交通流比较拥挤时,车辆交织行为会对系统的交通流状况产生不良影响,导致上匝道的入流流量降低,辅道上的车流密度增大.

(2)当上匝道和主线上都处于非常通畅的运行状态时,交织区长度发生变化,对系统各个交通流参数的影响不大. 伴随着入流概率的逐渐增大,车流逐渐趋于拥挤状态,交织区长度的变化对整个系统的交通流状况影响作用越来越大;此时,交织区段加长,下匝道的出流流量和主线上的平均车速均有所增加,主线上交织区段及其下游路段的密度都呈下降趋势,说明整个系统的交通流状况都得到了很大改善.

(3) 城市高架道路系统的设计中应该注意匝道设计的合理性,尽量避免交织区这种"瓶颈式"设计方案. 当系统设计中确属无法避免时,交织区长度的选取就变得异常重要. 数值模拟表明,交织区有一个临界长度(大致为 200 米),当小于该值时,交织区的车辆交织行为会严重影响高架道路交通;当大于该值时,交织行为对系统交通流的不良影响趋于平缓. 所以,交织区长度并非越大越好,工程设计中可以选取一个比较适宜的中间值,整个系统就可以获得很好的运行效果.

第七章　结论和展望

　　本章概述本文得到的主要结论,并对我国的交通流研究提出几点展望.

7.1　工作总结

　　立体化是城市交通发展的必然趋势,高架道路与地面路网共同构成了城市的立体交通网络,匝道是二者之间衔接的"桥梁".由于高架道路属封闭式全立交交通,匝道附近路段成为高架道路是否畅通的一种关键结点.本文基于实际的交通观测,总结了高架道路系统的典型运行特征,并对高架路、匝道和地面道路交通之间的交互作用进行了合理的建模和模拟,分析了高架道路系统尤其是匝道附近路段的复杂交通行为,为交通设施的管理和控制、交通工程的规划与设计提出一些建议.本文的主要工作如下:

　　1. 高架道路的交通观测和分析

　　交通观测是交通流研究的基本前提和重要环节.我们选取上海市高架道路系统的局部路段,采用人工观测和摄像技术相结合的手段开展了大量的交通调查,概括了上海市高架道路交通流的主要特征.速度—密度关系式是利用交通流模型进行模拟和分析的基础.通过对交通观测获取的大量数据进行处理和分析,采用非线性拟合方法,得到了分别适用于稀疏交通流和拥挤交通流的两种速度—密度关系式,并据此得出了畅行速度与阻塞密度这两个重要参量的数值.从实测数据得到的基本图上可以大致区分几种不同的交通相,为分析高架道路的交通相变行为提供了参考和依据.

2. 关注下匝道交通与地面交通的交互作用

高架道路系统的下匝道通常设置于地面交叉口附近,地面交通因素对下匝道出流的通畅与否影响显著. 我们以上海市内环线高架的武宁路匝道作为典型案例,实际观测并细致分析了匝道附近交叉口的交通流,直观地确认了地面右转车辆对下匝道直行交通的"挤压"效应. 在所考察的绿灯周期内,考虑到交叉口处相交汇的右转车流的影响,在一维管道流模型的基础上,计及车辆起动后向平衡状态过渡和调节的弛豫过程,在运动方程中引入弛豫项;并且采用不均匀分布的初始条件,对主干道上的右转车辆干扰效应进行了数值模拟,模拟结果与实测数据吻合得较好. 通过计算得出结论,右转车辆对主干道的"挤压"效应随着右转车辆的数目增多而加剧,是导致某些交叉口出流不畅的重要原因. 我们建议:在制定此类交叉口的交通管理措施时,设置右转方向的专用交通灯或让右转车辆受同方向直行信号灯的支配,不失为一种较好的解决方案.

3. 关注高架路与上匝道交通之间的交互作用

目前,上海市高架道路系统存在着非常严重的交通拥堵问题,针对这一现状,我们指出在上匝道处采用红绿灯信号进行定时调节是一种有效措施. 实行上匝道的信号控制需要确定合理的信号配时方案. 从各向异性的流体动力学模型出发,在运动方程中引入匝道交通影响项,利用实测数据拟合得到的速度—密度关系式,对高架路段进行数值模拟. 模拟结果表明:与上匝道无任何控制措施时相比,对其实行定时调节,可以优化高架道路上的交通流,达到改善高架道路交通状况的目的;对设计的六种信号配时方案进行对比和分析后发现,R30W30(即红绿灯信号时间均为 30 秒)是最合理的优选方案,实施该方案后,高架道路系统以及与之相连接的地面道路的总体运行效果最佳.

高架路上匝道的合流处车辆行为比较复杂,并且合流时的冲突常常引发交通事故,严重阻碍高架路主线和上匝道车流的通畅运行. 为此,上海市交通管理部门率先实施了交替通行法则. 以 FI 元胞自动机模型为基础,对实施交替通行规则前后的上匝道合流处分别建立合理的交通流模型,并对其交通流状况进行了数值模拟和分析,模拟结果表明:当高架路主线和上匝道的来流车辆较多时,实施交替通行规则可以大大改善高架道路交通;当交通流比较稀疏时,实施该规则前后交通流状况基本不发生变化.由入流流量来看,当车流较为畅通或比较拥堵的状态下,主干线和上匝道两股车流容易实现 1∶1 比例的交替通行;而当车辆中速行驶时,更容易实现两股平行车流合流时 2∶1 交替行驶的局面.

4. 关注高架路交通与上、下匝道交通之间的交互作用

当高架道路的相邻上下匝道距离较近时,就构成了高架路上的交织区.由于频繁更换车道和两股车流之间的相互影响,使交织路段经常成为高架道路的交通瓶颈.以 NS 元胞自动机模型为基础,对高架路主线为单车道时的交织区路段进行了数值模拟和分析,细致地描绘了交织区的交通流特征.模拟结果表明:当交通流比较稀疏时,交织区段的交织行为对系统的交通流影响不大,即使增大交织区长度,整个系统的交通流参数也变化不大;当交通流拥挤时,车辆交织行为会对系统产生不良影响,导致上匝道的入流流量降低,辅道上的车流密度增大.此时,如果加大交织区长度,下匝道出流流量和主线上的平均车速均有所增加,主线上交织区段及其下游路段的密度都下降,说明整个系统的交通流状况得到很大改善.数值模拟结果还表明,交织区长度并非越大越好,工程设计中可以选取一个比较适宜的中间值(大致为 200 米),整个系统就可以获得很好的运行效果.

7.2 交通流研究展望

对于未来的交通流研究,我们有如下设想:

(1) 研究高架道路系统路网的交通流,具有更加广泛的应用前景

本文研究了高架路匝道附近路段上的交通流特征,提出了一些解决局部拥堵的合理化建议.但是,模拟仅限于局部路段的处理,边

界条件大多选用自由边界,对包含多个匝道的高架道路系统路网的研究没有涉及. 如果能从路网的角度整体把握高架路、匝道和地面道路交通之间的关系,会更加符合现实的交通情况. 我们可以考虑将目前单一路段的结论推广到路网上去,但路网并不等于多个路段的简单叠加,将涉及网络理论和拓扑结构等多方面内容,而且路网结点也需要作特别处理. 近年来,复杂网络的研究非常活跃,涌现出一批有新颖思路的成果,值得我们借鉴. 研究包含高架道路系统的城市路网交通流的动力学行为,利用现代化的计算手段对整个道路网络进行联机模拟和仿真,会更加逼近实际交通,因此具有非常广泛的应用前景.

(2) 加强对交通流特性的实际观测,积累并建立分类数据库

交通流研究的目标是建立能正确描述实际交通一般特性的数学模型,寻求控制交通流动的基本规律,显而易见,这一目标的实现需要建立在对交通现象充分认识和了解的基础上. 因此,交通观测是交通流研究的基本前提和重要环节.

西方发达国家对交通观测一直非常重视,政府投入大量资金购置测量设备并统筹安置,建立丰富的交通流数据库供研究人员分析使用. 这种做法既避免了重复性投资,又促进了资源的充分共享. 近年来,我国引进了大量国外的交通监控系统,自行研制的也为数不少,但是总体的利用效率偏低,主要用于日常管理;监测手段单一,以埋设固定线圈为主且疏于维护;获取的数据比较粗糙,不适宜用于交通科研,而且缺乏全面系统的交通流数据. 所以,将埋设固定线圈、摄像技术、超声波仪、工具车以及航拍等手段结合起来,加强对城市交通(包括机动车流、自行车流和行人流等)和高速公路交通的全面监测,科学、系统地设置观测方案,有针对性并分门别类地建立交通流数据库,是发展我国交通流研究亟须解决的问题.

(3) 结合国情,发展适用于我国的交通流模型

从建模角度看,交通流的宏观模型可以刻画交通流的主要特征,直观地确认主导因素,而微观模型可以方便灵活地处理单个车辆的

交通行为,所以交通流研究必须走宏观和微观相结合的道路. 随着计算机技术的飞速发展,大型集群式高性能计算已经成为可能,所以我们可以先建立比较完善的交通微观模型,然后利用信息传递,过渡到宏观的交通流模型,将路段中用微观描述的局部与用宏观描述的整体紧密联系起来,这样可以获得更加真实的模拟和仿真结果.

我国的交通流研究起步较晚,研究水平还相对落后. 近年来,各个学科领域越来越多的学者关注并投身到此项研究中,如中科大的吴清松小组和汪秉宏小组,华东师范大学的顾国庆小组,北京航空航天大学的黄海军小组,同济大学的杨晓光小组,中山大学的余志小组,北京交通大学的高自友小组,广西师范大学的孔令江、刘慕仁小组,广西大学的薛郁小组,以及香港的学者 Lam William H. K. 、Yang Hai、Lo Hong K. 、Wong S. C. 、Hui P. M. 等,他们在交通流模型的研究方面取得了很多优秀成果,并产生了一定的国际影响. 但是,目前发展的模型大都是普适性的,与国外交通相比,我国城市交通具有平面、低速、混合的特点,而且建立模型时要考虑到多车种、多干扰、变道频繁、不遵守交通规则等各种有中国特色的效应. 因此,为了更好地服务于交通建设和交通管理,在交通流研究中要紧密结合我国的交通实际,发展符合中国国情的实用性交通流模型.

我们深知,交通流研究任重而道远,必须脚踏实地、勇于开拓;我们坚信,落后状态并非一成不变,通过科研工作者的集体努力和辛勤工作,我国的交通流研究定会开创新的局面,迎来胜利的曙光.

最后,让我们以屈原《离骚》中的诗句来共勉:

"路漫漫其修远兮,吾将上下而求索".

参 考 文 献

1 Helbing D. Traffic and related self-driven many particle systems. *Rev. Mod. Phy.* , 2001; **73**(4): 1067 - 1141

2 车陷紫禁城.《南方周末》城市版聚焦. 2003 - 10 - 17

3 市中心汽车跑不过自行车 专家为上海交通把脉. http: //sh. eastday. com. 2004 - 9 - 25

4 姜锐. 交通流复杂动态特性的微观和宏观模式研究. 博士学位论文. 合肥: 中国科学技术大学, 2002

5 马福海, 程慧伊. 浅述高架道路在上海城市交通中的作用. 中国市政工程, 1998; (1): 1 - 4

6 戴世强, 冯苏苇, 顾国庆. 交通流动力学: 它的内容、方法和意义. 自然杂志, 1997; **19**(4): 196 - 201

7 Chowdhury D. , Santen L. , Schadschneider A. Statistical physics of vehicular traffic and some related systems. *Phys. Rept.* , 2000; 329: 199 - 329

8 孙立军, 胡家伦, 陈建阳等. 上海高架道路交通堵塞问题的 ITS 解决机遇. 2000 上海国际智能交通及管理技术研讨会论文集. 同济大学出版社, 2001: 19 - 23

9 上海城市综合交通规划信息网: http: //www. scctpi. gov. cn/

10 黄锦源. 上海市高架路网的回顾与展望. 中国市政工程. 1999; (4): 1 - 3

11 Kinzer J. P. Application of the theory of probability to problems of highway traffic. B. C. E. thesis. Polytechnic Institute of Brooklyn (July 1, 1933); also Proc. 1st. Traffic Eng. 5, 118 - 124

12 王振东. 车如流水马如龙—漫谈交通流动. 力学与实践. 1999；
    21(6)：70 – 71

13 Pipes L. A. An operational analysis of traffic dynamics. *J. of App. Phys.* , 1953；**24**：274 – 281

14 Lighthill M. J. , Whitham J. B. On Kinematic Waves. I：Flow movement in long rivers；Ⅱ：A theory of traffic flow on long crowded roads. *Proc. Royal Soc. A*，1955；**229**：281 – 345

15 Payne H. J. Models of freeway traffic and control. In：Bekey G. A. (ed.)，Mathematical Methods of Public Systems，1971；**1** (1)：51 – 61

16 Payne H. J. FREFLO：A macroscopic simulation model of freeway traffic. *Trans. Res. Rec.* , 1979；**772**：68 – 75

17 Richards P. I. Shockwaves on the highway. *Oper. Res.* , 1956；**4**：42 – 51

18 Bick J. H. , Newell G. F. A continuum model for two-directional traffic flow. *Q. App. Math.* , 1960；**18**（2）：191 – 204

19 Luke J. C. Mathematical models for landform evolution. *Jour. of Geophy. Res.* , 1972；**77**：2460 – 2464

20 Rorbech R. Determining the length of the approach lanes required at signal-controlled intersections on through highways — An application of the shock wave theory of Lighthill and Whitham. *Trans. Res.* , 1968；**2**：283 – 291

21 Michalopoulos P. G. , Stephanopoulos G. , Pisharody V. B. Modeling of traffic flow at signalized links. *Trans. Sci.* , 1980；**14**：9 – 41

22 Michalopoulos P. G. , Beskos D. E. , Lin J. K. Analysis of interrupted traffic flow by finite difference methods. *Trans. Res.* , 1984；**18B**：409 – 421

23 Ansorge R. What does the entropy condition mean in traffic flow theory? *Trans. Res.* , 1990; **24B**: 133 – 143

24 Leo C. J. , Pretty R. Numerical simulation of macroscopic continuum traffic models. *Trans. Res.* , 1992; **26B**: 207 – 220

25 Edie L. C. , Bavarez E. Generation and propagation of stop-start traffic waves. In: Edie L. C. , Herman R. , Roghery R. (Eds.), *Vehicular Traffic Science*, Elsevier, Amsterdam, 1967: 26 – 37

26 Treiterer J. , Myers J. A. The hysteresis phenomena in traffic flow, In: Buckley D. J. (Eds.), *Proc. of the Sixth Symp. on Transportation and Traffic Theory*, Elsevier, 1974: 13 – 38

27 Pipes L. A. Vehicle accelerations in the hydrodynamic theory of traffic flow. *Trans. Res.* , 1969; **3**: 229 – 234

28 Payne H. J. A critical review of a macroscopic freeway model. *Proc. Research Directions in Computer Control of Urban Traffic Systems*, ASCE, New York, 1979: 251 – 265

29 Rathi A. K. , Lieberman E. B. , Yedlin M. Enhanced FREFLO program: Simulation of congested environments. TRR, 1987; **1112**: 67 – 71

30 Ross P. Traffic dynamics. *Trans. Res.* , 1988; **22B**: 421 – 435

31 Papageorgiou M. , Blosseville J. , Hadj-Salem H. Macroscopic modeling of traffic flow on the Boulevard Peripherique in Paris. *Trans. Res.* , 1989; **23B**: 29 – 47

32 Hauer E. , Hurdle V. F. Discussions in Payne H. J. , "FREFLO: a macroscopic simulation model of freeway traffic". *TRR*, 1979: 722

33 Leo C. H. , Pretty R. L. Numerical simulation of macroscopic continuum traffic models. *Trans. Res.* , 1992; **26B**: 207 – 220

34 Papageorgiou M. A hierarchical control system for freeway

traffic. *Trans. Res.*, 1983；**17B**：251－261

35 Cremer M., May A. D. An extended traffic model for freeway control. Technical Report，UCB－ITS－RR－85－7，1985 (Institute of Trans. Studies, Univ. of California, Berkeley)

36 Kühne R. D. Macroscopic freeway model for dense traffic-stop-start wave and incident detection. In：Volmuller I., Hamerslag R. (Eds.)，*Proc. 9th Int. Symp. on Trans. and Traffic Theory*. VNU Science Press，Utrecht., 1984：21－42

37 Zhang H. M. A theory of nonequilibrium traffic flow. *Trans. Res.*, 1998；**32B**：485－498

38 Michalopoulos P. G., Yi P., Lyrintzis A. S. Continuum modeling of traffic dynamics for congested freeways. *Trans. Res.*, 1993；**27B**：315－332

39 Michalopoulos P. G., Lin J. A freeway simulation program for microcomputers. *Proc. of 1st Nat. Conf. on Microcomp. in Urban Trans.*, ASCE，California，1985：330－341

40 Kerner B. S., Konhäuser P. Cluster effect in initially homogeneous traffic flow. *Phys. Rev. E*，1993；**48**：R2335－2338

41 Kerner B. S., Konhäuser P. Structure and parameters of clusters in traffic flow. *Phys. Rev. E*，1994；**50**(1)：54－83

42 Lee H. Y., Lee H. W., Kim D. Origin of synchronized traffic flow on highways and its dynamic phase transitions. *Phys. Rev. Lett.*, 1998；**81**：1130－1133

43 张鹏，刘儒勋.交通流问题的有限元分析和模拟(I).计算物理，2001；**18**(4)：329－333

44 吴正.低速混合型城市交通的流体力学模型.力学学报，1994；**26**(2)：149－15

45 吴正，周炯等.关于交通流动力学模型的测量研究与分析.复旦

学报(自然科学版),1991;**30**(2):224-230

46 吴正,汪茂林,邓廷寰.平面交叉口车流启动波的测量研究及其
    应用.复旦学报(自然科学版),2001;**40**(6):593-598

47 吴正.关于交通流动力学模型与交通状态指数研究.水动力学研
    究与进展(A 辑),2003;**18**(4):403-407

48 东明.地面交通状况对高架交通的影响剖析.硕士学位论文.上
    海:上海大学,1998

49 冯苏苇.低速混合型城市交通流的建模、实测与模拟.博士学位
    论文.上海:上海大学,1997

50 徐伟民,熊烈强.与车辆跟驰理论统一的一维交通流动力模型研
    究.交通运输系统工程与信息,2002;**2**(1):42-44

51 Daganzo C. F. Requiem for second-order fluid approximations
    of traffic flow. *Trans. Res.*, 1995;**29B**:277-286

52 Zhang H. M. A nonequilibrium traffic model devoid of gas-like
    behavior. *Trans. Res.*, 2002;**36B**:275-290

53 Cassidy M. J., Windover J. A methodology for assessing the
    dynamics of freeway traffic flow. Paper presented at the 1995
    meeting of the Trans. Res. Board, Washington D. C., 1995

54 AW A., Rascle M. Resurrection of "second order" models of
    traffic flow. *SIAM J. Appl. Math.*, 2000;**60**(3):916-938

55 Jiang R., Wu Q. S., Zhu Z. J. Full velocity difference model
    for a car-following theory. *Phys. Rev. E*, 2001;**64**:017101

56 姜锐,吴清松,朱祚金.一种新的交通流动力学模型.科学通报,
    2000;**45**:1895-1899

57 Jiang R., Wu Q. S., Zhu Z. J. A new continuum model for
    traffic flow and numerical tests. *Trans. Res.*, 2002;**36B**:
    405-419

58 Xue Y., Dai S. Q. Continuum traffic model with the
    consideration of two delay time scales. *Phy. Rev. E*, 2003;

68：066123

59　薛郁. 交通流的建模、数值模拟及其临界相变行为的研究. 博士学位论文. 上海：上海大学,2002

60　戴世强,薛郁,雷丽. 关于交通流的流体力学模型. 第十八届全国水动力学研讨会文集（朱德祥等主编）. 海洋出版社,2004：39－48

61　Prigogine I. In：Herman R. （Eds.）, Theory of Traffic Flow. Elsevier, Amsterdam, 1961：158

62　Prigogine I. , Herman R. Kinetic Theory of Vehicular Traffic. American Elsevier, New York, 1971：17－54

63　Phillips W. F. A new continuum traffic model obtained from kinetic theory. *IEEE Trans. Autom. Control.* , 1978；**AC-23**：1032－1036

64　Paveri-Fontana S. L. On Boltzmann-like treatments for traffic flow：a critical review of the basic model and an alternative proposal for dilute traffic analysis. *Trans. Res.* , 1975；**9B**：225－235

65　Helbing D. , Greiner A. Modeling and simulation of multilane traffic flow. *Phys. Rev. E*, 1997；**55**：5498－5508

66　Nagatani T. Kinetic segregation in a multilane highway traffic flow. *Physica A* , 1997；**237**：67－74

67　Hoogendoorn S. P. , Bovy P. H. L. Continuum modeling of multiclass traffic flow. *Trans. Res.* , 2000；**34B**：123－146

68　Hoogendoorn S. P. , Bovy P. H. L. Generic gas-kinetic traffic systems modeling with applications to vehicular traffic flow. *Trans. Res.* , 2001；**35B**：317－336

69　Helbing D. , Treiber M. Gas-kinetic-based traffic model explaining observed hysteretic phase transition. *Phys. Rev. Letters*, 1998；**81**(14)：3042－3045

70 Treiber M. , Hennecke A. , Helbing D. Derivation, properties, and simulation of a gas-kinetic-based, nonlocal traffic model. *Phys. Rev. E*, 1999; **59**(1): 239 - 253

71 Helbing D. , et al. MASTER: macroscopic traffic simulation based on a gas-kinetic, non-local traffic model. *Trans. Res.* , 2001; **35B**: 183 - 211

72 Chandler R. E. , et al. Traffic dynamics: studies in car following. *Oper. Res.* , 1958; **6**: 165 - 184

73 Gazis D. C. , Herman R. , Rothery R. W. Nonlinear follow the leader models of traffic flow. *Oper. Res.* , 1961; **9**: 545 - 567

74 Newell G. F. Nonlinear effects in the dynamics of car following. *Oper. Res.* , 1961; **9**: 209 - 229

75 Bando M. , et al. Dynamical model of traffic congestion and numerical simulation. *Phys. Rev. E*, 1995; **51**: 1035 - 1042

76 Helbing D. , Tilch B. Generalized force model of traffic dynamics. *Phys. Rev. E*, 1998; **58**: 133 - 138

77 Treiber M. , et al. Congested traffic states in empirical observations and microscopic simulation. *Phys. Rev. E*, 2000; **62**: 1805 - 1824

78 薛郁,董力耘,袁以武,戴世强. 考虑车辆相对运动速度的交通流演化过程的数值模拟. 物理学报, 2002; **51**(3): 492 - 495

79 Xue Y. , Dong L. Y. , Yuan Y. W. , Dai S. Q. The effect of the relative velocity on traffic flow. *Commun. in Theor. Phys.* , 2002; **38**(2): 230 - 234

80 Cremer M. , Ludwig J. A fast simulation model for traffic flow on the basis of Boolean operations. *J. Math. Comp. Simul.* , 1986; **28**: 297 - 303

81 Wolfram S. Theory and Application of Cellular Automata. World Scientific, Singapore, 1986

82 Nagel K. , Schreckenberg M. A cellular automaton model for freeway traffic. *J. Phys. I*(France) , 1992；**2**：2221－2233

83 Nagel K. , Paczuski M. Emergent traffic jams. *Phys. Rev. E*, 1995；**51**：2909－2918

84 Takayasu M. , Takayasu H. 1/f noise in a traffic model. *Fractals*, 1993；**1**：860－866

85 Benjamin S. C. , Johnson N. F. , Hui P. M. Cellular automaton models of traffic flow along a highway containing a junction. *J. Phys. A*, 1996；**29**：3119－3127

86 Barlovic R. , Santen L. , Schreckenburg A. Metastable states in cellular automata for traffic flow. *Eur. Phys. J. B*, 1998；**5**：793－800

87 胡永涛. 改进的元胞自动机模型及其应用. 硕士学位论文. 上海：上海大学,1999

88 薛郁,董力耘,戴世强. 一种改进的一维元胞自动机交通流模型及减速概率的影响. 物理学报, 2001；**50**(3)：445－449

89 Li X. B. , Wu Q. S. , Jiang R. Cellular automaton model considering the velocity effect of a car on the successive car. *Phy. Rev. E*, 2001；**64**：066128

90 董力耘,薛郁,戴世强. 基于跟车思想的一维元胞自动机交通流模型. 应用数学和力学, 2002；**23**(4)：331－337

91 雷丽,薛郁,戴世强. 交通流的一维元胞自动机敏感驾驶模型. 物理学报, 2003；**52**(9)：2121－2126

92 Ge H. X. , Dong L. Y. , Lei L. , Dai S. Q. A modified cellular automaton model for traffic flow. *J. Shanghai Univ.* , 2004；**8**(1)：1－3

93 谭惠丽,刘慕仁,孔令江. 开放边界条件下改进的 Nagel－Schreckenberg 交通流模型的研究. 物理学报, 2002；**51**(12)：2713－2718

94　Fukui M. , Ishibashi Y. Traffic flow in 1D cellular automaton model including cars moving with high speed. *J. Phys. Soc. Japan*, 1996; **65**(6): 1868 - 1870

95　Wang B. H. , et al. Analytical results for the steady state of traffic flow models with stochastic delay. *Phys. Rev. E*, 1998; **58**: 2876 - 2882

96　王雷. 一维交通流元胞自动机模型中自组织临界性及相变行为的研究. 博士学位论文. 合肥: 中国科学技术大学, 2000

97　Wang L. , Wang B. H. , Hu B. Cellular automaton traffic flow model between the Fukui-Ishibashi and Nagel - Schreckenberg models. *Phys. Rev. E*, 2001; **63**: 056117

98　Nagatani T. Self - organization and phase-transition in traffic-flow model of a 2-lane roadway. *J. Phys. A*, 1993; **26**: L781 - L787

99　Nagatani T. Dynamical jamming transition induced by a car accident in traffic-flow model of a 2-lane roadway. *Physica A*, 1994; **202**: 449 - 458

100　Rickert M. , Nagel K. , Schreckenberg M. , Latour A. Two lane traffic simulations using cellular automata. *Physica A*, 1996; **231**: 534 - 550

101　Chowdhury D. , Wolf D. E. , Schreckenberg M. Particle hopping models for two-lane traffic with two kinds of vehicles: effects of lane changing rules. *Physica A*, 1997; **235**: 417 - 439

102　Wagner P. , Nagel K. , Wolf D. E. Realistic multi-lane traffic rules for cellular automata. *Physica A*, 1997; **234**: 687 - 698

103　Nagel K. , Wolf D. E. , Wagner P. , et al. Two-lane traffic rules for cellular automata: A systematic approach. *Phys. Rev. E*, 1998; **58**: 1425 - 1437

104　Knospe W. , Santen L. , Schadschneider A. , Schreckenberg M. Disorder effects in cellular automata for two-lane traffic. *Physica A*, 1999; **265**: 614 - 633

105　Fouladvand M. E. Reaction-diffusion models describing a two-lane traffic flow. *Phys. Rev. E*, 2000; **62**(5): 5940 - 5947

106　Belitsky V. , Krug J. , Neves E. J. , Schütz G. M. A cellular automaton model for two-lane traffic. *J. of Statistical Physics*, 2001; **103**(516): 945 - 971

107　Fukui M. , Nishinari K. , et al. Metastable flows in a two-lane traffic model equivalent to extended Burgers cellular automaton. *Physica A*, 2002; **303**: 226 - 238

108　Moussa N. , Daoudia A. K. Numerical study of two classes of cellular automaton models for traffic flow on a two-lane roadway. *Eur. Phys. J. B*, 2003; **31**: 413 - 420

109　Nagel K. , Rickert M. Parallel implementation of the TRANSIMS micro-simulation. *Parallel Comput.*, 2001; **27**: 1611 - 1639

110　Wahle J. , et al. A cellular automaton traffic flow model for online simulation of traffic. *Parallel Comput.*, 2001; **27**: 719 - 735

111　Rickert M. , Nagal K. Experiences with a simplified microsimulation for the Dallas/Fort-Worth area. *Int. J. Mod. Phys.*, 1997; **C8**: 483 - 503

112　Kauman O. , et al. On-line simulation of the freeway network of North Rhine Westphatia. Helbing D. , Herrmann M. , Schreckenberg M. , Wolf D. E. (Eds.), In: Traffic and Granular Flow 99, Springer, Berlin, 2000: 351 - 356

113　Biham O. , Middleton A. A. , Levine D. A. Self-organization and a dynamical transition in traffic flow models. *Phys. Rev.*

A，1992；**46**：R6124 - R6127

114　Nagatani T. Effect of traffic accident on jamming transition in traffic flow model. *J. Phys. A*，1993；**26**：1015 - 1020

115　Gu G. Q.，Chung K. H.，Hui P. M. Two-dimensional traffic flow problems in inhomogeneous lattice. *Physica A*，1995；**217**：339 - 347

116　Chung K. H.，Hui P. M.，Gu G. Q. Two-dimensional traffic problems with faulty traffic lights. *Phys. Rev. E*，1995；**56** (1)：772 - 774

117　冯苏苇,戴世强. 交通灯的数学建模与数值模拟. 现代数学和力学(MMM - Ⅶ). 上海大学出版社,1997：390 - 392

118　Feng S. W.，Gu G. Q.，Dai S. Q. Effects of traffic lights on CA traffic model. *Comm. in Nonli. Sci. and Numer. Simul.*，1997；**2**(2)：70 - 74

119　Chowdhury D.，Schadschneider A. Self-organization of traffic jams in cities：Effects of stochastic dynamics and signal periods. *Phys. Rev. E*，1999；**59**：R1311 - R1314

120　薛郁,戴世强,顾国庆. 元胞自动机的交通立体模型与相变. 第14届全国水动力学研讨会(周连第主编). 海洋出版社,2000：1 - 7

121　Xue Y.，Dai S. Q.，Gu G. Q. Analysis of phase transition of traffic flow in a two-layer network via cellular automaton model. *ICNM - Ⅳ* (ed. by WZ Chien et al.). Shanghai University Press，2002：913 - 918

122　Berg P.，Mason A.，Woods A. Continuum approach to car-following models. *Phys. Rev. E*，2000；**61**：1056 - 1066

123　Wardrop J. G.，Charlesworth G. A method of Estimating speed and flow of traffic from a moving vehicle. *Proc. of the Inst. of Civil Engineers*，Part Ⅱ，1954；**3**：158 - 171

124 Wright C. A theoretical analysis of the moving observer method. *Trans. Res. 7*, TRB, NRC, Washington DC: 293 - 311

125 Kerner B. S. Complexity of synchronized flow and related problems for basic assumptions of traffic flow theories. *Networks and Spatial Economics*, 2001；**1**：35 - 76

126 Kerner B. S., Rehborn H. Experimental features and characteristics of traffic jam. *Phys. Rev. E*, 1996；**53**：R1297 - R1300

127 Kerner B. S., Konhäuser P. Experimental properties of phase transition in traffic flow. *Phys. Rev. Lett.*, 1997；**49**：4030 - 4033

128 Kerner B. S., Rehborn H. Experimental properties of complexity in traffic flow. *Phys. Rev. E*, 1996；**53**：R4275 - R4278

129 吴正. 周家嘴路车流起动波速统计研究. 交通运输工程学报，2002；**2**(1)：67 - 73

130 交通流理论. 王殿海(主编). 人民交通出版社，2002：9 - 13

131 Greenshields B. D. A study of traffic capacity. *High. Res. Boar. Proc.*, 1935；**14**：448 - 477

132 Greenberg H. An analysis of traffic flow. *Oper. Res.*, 1959；**7**：79 - 85

133 Underwood R. T. Speed，volume and density relationships. *Quality and Theory of Traffic Flow*, Yale Bureau of Highway Traffic, New Haven, Connecticut, 1961：141 - 188

134 Drake J. S., Schofer J. L. and May A. D. A statistical analysis of speed-density hypotheses. *High. Res. Rec.*, 1967；**156**：53 - 87

135 Pipes L. A. Car-following models and the fundamental

diagram of road traffic. *Trans. Res.*, 1967；**1**：21－29

136　del Castillo J. M., Benitez F. G. On the functional form of the speed-density relationship—Ⅰ：General theory；Ⅱ：Empirical investigation. *Trans. Res.*, 1995；**29B**：373－406

137　中国公路学会《交通工程手册》编委会. 交通工程手册. 人民交通出版社，2001：385

138　张易谦. 上海市交通建设的发展和展望(上海市交通工程学会主编).上海市国际城市交通学术研讨会文集. 上海：同济大学出版社，1999：216－220

139　东明，戴世强. 地面交通流对高架匝道畅通度的影响(周连第等主编). 第十三届全国水动力学研讨会文集. 海洋出版社，1999：202－208

140　吴正. 交通流的动力学模拟与测量方法. 复旦学报(自然科学版)，1991；**30**(1)：111－117

141　戴世强，雷丽，董力耘. 高架路匝道附近的交叉口交通流分析. 力学学报，2003；**35**(5)：513－518

142　雷丽，董力耘，戴世强. 右转车辆对主干道的"挤压"干扰效应(周连第等主编). 第十六届全国水动力学研讨会文集. 海洋出版社，2002：41－48

143　王学堂. 高速路匝道控制器. 西安公路交通大学学报，1997；**17**(2)：68－73

144　姜紫峰，荆便顺，韩锡令. 高速公路入口匝道控制的仿真研究. 中国公路学报，1997；**10**(2)：83－89

145　李三财. 高速公路入口交通动态控制系统的研究. 西安公路交通大学学报，1997；**17**(4)：105－108

146　宋一凡，高自友. 城市高速公路网络入口流量控制的双层规划模型及求解算法. 北方交通大学学报，1999；**23**(3)：86－89－94

147　李硕，张样. 高速公路主线流量对入口加速车道设计影响分析.

中国公路学报, 2000; **13**(2): 108 - 111 - 126

148 谭满春. 基于多车道交通流动态离散模型的递阶优化控制问题与算法. 控制理论与应用, 2003; **20**(6): 855 - 858 - 864

149 Zhang H. M. , Ritchie S. G. Freeway ramp metering using artificial neural networks. *Trans. Res. C*, 1997; **5**(5): 273 - 286

150 Zhang H. M. , Ritchie S. G. and Jayakrishnan R. Coordinated traffic-responsive ramp control via nonlinear state feedback. *Trans. Res. C*, 2001; **9**: 337 - 352

151 Kotsialos A. , Papageorgiou M. , Mangeas M. and Haj - Salem H. Coordinated and integrated control of motorway networks via non-linear optimal control. *Trans. Res. C*, 2002; **10**: 65 - 84

152 Kotsialos A. , Papageorgiou M. Motorway network traffic control systems. *Euro. Jour. of Oper. Res.* , 2004; **152**: 321 - 333

153 Haj - Salem H. , Papageorgiou M. Ramp metering impact on urban corridor traffic: field results. *Trans. Res. A*, 1995; **29**: 303 - 319

154 陈德望,李灵犀,刘小明,宫晓燕,王飞跃. 城市高速道路交通控制方法研究的回顾与展望. 信息与控制, 2002; **31**(4): 341 - 345 - 362

155 杨晓光,杨佩昆,饭田恭敬. 关于城市高速道路交通动态控制问题的研究. 中国公路学报, 1998; **11**(2): 74 - 85

156 Papageorgiou M. Applications of automatic control concepts to traffic flow modeling and control. In: Balakrishnan A. V. and Thoma M. (Ed.), *Lecture Notes in Control and Information Sciences*, Springer - Verlag, Berlin, 1983: 4 - 41

157 周溪召,蒲琪. 基于复合分布的高架道路匝道入口处延误计算.

上海铁道大学学报，1999；**20**(10)：1-5

158 覃煜，晏克非.高架道路上匝道通行能力理论模型研究.武汉交通科技大学学报，2000；**24**(6)：611-614

159 覃煜，晏克非.高架道路上匝道连接区车辆运行 GPSS 仿真分析模型.交通与计算机，2001；**19**(3)：6-10

160 李文权，王炜，李铁柱，李冬梅.高速公路加速车道上车辆的汇入特征分析.东南大学学报（自然科学版），2002；**32**(2)：252-255

161 Jiang R.，Wu Q. S.，Wang B. H. Cellular automata model simulating traffic interactions between on-ramp and main road. *Phys. Rev. E*, 2002；**66**：036104

162 Lee H. Y.，Lee H. W.，Kim D. Dynamic states of a continuum traffic equation with on-ramp. *Phys. Rev. E*, 1999；**59**：5101-5111

163 Helbing D.，Hennecke A.，Treiber M. Phase diagram of traffic states in the presence of inhomogeneities. *Phys. Rev. Lett.*, 1999；**82**(21)：4360-4363

164 Campari E. G.，Levi G. A cellular automata model for highway traffic. *Eur. Phys. J. B*, 2000；**17**：159-166

165 Diedrich G.，Santen L.，Schadschneider A.，and Zittartz J. Effects of on-and off-ramps in cellular automata models for traffic flow. *Int. J. Mod. Phys. C*, 2000；**11**：335-345

166 Pederson M. M.，Ruhoff P. T. Entry ramps in the Nagel-Schreckenberg model. *Phys. Rev. E*, 2002；**65**：056705

167 Berg P.，Woods A. On-ramp simulations and solitary waves of a car-following model. *Phys. Rev. E*, 2001；**64**：035602

168 Kerner B. S. Empirical macroscopic features of spatial-temporal traffic patterns at highway bottlenecks. *Phys. Rev. E*, 2002；**65**：046138

169 Kerner B. S. Synchronized flow as a new traffic phase and related problems for traffic flow modelling. *Mathematical and Computer Modelling*, 2002；**35**：481 - 508

170 Hideyuki Kita. A merging-giveway interaction model of cars in a merging section：a game theoretic analysis. *Trans. Res. A*, 1999；**33**：305 - 312

171 陈金川,刘小明,任福田,杜洁.道路交织区运行分析研究进展. 公路交通科技,2000；**17**(1)：46 - 50 - 54

172 陈小鸿,肖海峰.交织区交通特性的微观仿真研究.中国公路学报(增刊),2001；**14**：88 - 91

173 Masahiro Kojima, Hironao Kawashima, Taka Sugiura, Akiko Ohme. The analysis of vehicle behavior in the weaving section on the highway using a micro-simulator. *IEEE*, 1995：292 - 298

174 Kwon E., Michalopoulos P. Macroscopic simulation of traffic flows in complex freeway segments on a personal computer. Vehicle Navigation and Information Systems Conference, *Proceedings in Conjunction with the Pacific Rim TransTech Conference*, 6th International VNIS, 'A Ride into the Future', 1995：342 - 345

175 Liu G. Q., Lyrintzis A. S., Michalopoulos P. G. Modelling of freeway merging and diverging flow dynamics. *Appl. Math. Modelling*, 1996；**20**：459 - 469

176 Masoud O., Papanikolopoulos N. P., Kwon E. The use of computer vision in monitoring weaving sections. *IEEE Transactions on Intelligent Transportation Systems*, 2001；**2** (1)：18 - 25

177 Ponlathep Lertworawanich, Lily Elefteriadou. A methodology for estimating capacity at ramp weaves based on gap

acceptance and linear optimization. *Trans. Res.*, 2003, **37B**: 459 - 483

178 Thomas F. G., Wilfred W. R., Veronica M. A. Safety aspects of freeway weaving sections. *Trans. Res.*, 2004, **38A**: 35 - 51

179 Awad W. H. Estimating traffic capacity for weaving segments using neural networks technique. *Applied Soft Computing*, 2004; **4**: 395 - 404

致　谢

　　时光荏苒,如白驹过隙,转眼三年又半载春秋.抚今追昔,感慨万端.借此一隅,聊表满怀谢意.

　　首先衷心感谢导师戴世强教授!本文从题目确定到框架构建,直至正文的撰写和修订,无不凝聚着老师的心血和汗水.老师以精深的学术造诣、严谨的治学态度、深邃的学术观点,营造了一种良好的学术氛围,使我置身其间,耳濡目染;老师提倡的"老老实实治学,清清白白做人"的信条,以及创新求实、勤恳扎实的科研精神,对我潜移默化,日久生根;老师严于律己、宽以待人的风范,朴实无华、平易近人的人格魅力,无微不至、感人至深的人文关怀,令我如沐春风、倍感温馨.老师甘作"科学大道上铺路石子"的高贵情操,乐于对年轻人"传、帮、带"的大家风范,深深感动了我.从恩师身上,我学到许多为人治学的道理,这些宝贵财富必将伴随并使我受益终生.

　　在本文的工作中,课题组的董力耘博士给予了很多指导和帮助,他扎实的学术功底、缜密的思维能力、勤奋的工作精神令我心生敬佩;薛郁教授一直以来都关注着论文的进展和本人的进步,对论文提出了很多建设性的意见,使我深受启发,他刻苦钻研、踏实肯干的工作态度给我树立了榜样;张鹏博士对论文的部分工作进行了深入指导,使我受益匪浅.乐嘉春博士以他渊博的学识和敏锐的眼光,在论文撰写过程中给出了不少有益观点.卢东强博士和宋涛硕士总是提供及时的学术资讯,对本人的论文工作大有裨益.在此,我要向他们表达深深的谢意.

　　感谢上海大学上海市应用数学和力学研究所,这是个名师荟萃、人才济济、学术氛围浓郁的集体.感谢这里的各位领导和老师对我的指导和关心,感谢给予我多方帮助的人们:业务科麦穗一老师,资料室秦志强老师，财务室孙畅老师、王端老师，办公室钟汉明老师，复印室翁惠卿师傅和蔡贤逖师傅.

真诚感谢本课题组的其他各位成员：田振夫教授，魏岗教授，滕家俊，施小民，葛红霞，冯秀芳，祝会兵，袁以武，安淑萍，陈然，孟庆勋，何红弟，徐杰，郁文剑，郭强，黄雪峰. 在这三年多的时光里，我们互帮互助，融洽交流，建立了珍贵的友谊. 需要特别指出的是，文中所有的交通调查数据的获取，与课题组全体成员的共同努力是分不开的，是集体合作的结晶. 在交通实测过程中，还得到了涂敏杰，李峰，梁贤、宏波、高玉丽，金文，朱兵以及上海大学理学院力学系综合班2001级全体同学的大力协助，在此一并表示感谢.

真心感谢给予本人指导和帮助的各位专家和学者：中国科学技术大学的吴清松教授、汪秉宏教授；华东师范大学的顾国庆教授；同济大学长江学者张红军教授；同济大学陈建阳教授；广西师范大学的刘慕仁教授；公安部交通管理科学研究所王长君副研究员；复旦大学的吴正副教授；中国科学技术大学的姜锐博士；北京交通大学的贾斌博士. 同时感谢上海财经大学冯苏苇博士、复旦大学欧忠辉博士的多次有益的讨论.

诚挚地感谢山东大学给予我这次宝贵的学习机会，感谢能源动力工程学院的潘继红院长、陆辰副院长、孙永平副院长对我的关心和支持，特别感谢流体热工所的杜广生教授对我的关心和指导. 还要感谢能源动力工程学院的其他同事对我的支持和帮助.

深深地感谢我年迈的父母和婆婆，他们博大无私的爱和关怀使我有信心和毅力完成全部学业. 真诚地感谢我的爱人周明昆先生，三年多来他一贯的理解、支持和鼓励使我可以全身心地投入到论文工作.

谨将此文献给所有关心和帮助过我的人，他们对我的关爱我将时刻铭记在心.

本论文的工作得到了国家自然科学基金（批准号：19932020，10202012）和教育部高等学校博士学科点专项科研基金（项目编号：20040280014）的资助，谨此致谢.